JN059004

双葉町 不屈の将 井戸川克隆

日野行介

原発から沈黙の民を守る

平凡社

目次

第二章　籠城戦

第三章　捨て身の反撃

第四章　平成の辛酸

一部の人物名は敬称略とした。
本文中の写真はすべて著者撮影。

プロローグ

隴西の李徴は博学才穎、天宝の末年、若くして名を虎榜に連ね、ついで江南尉に補せられたが、性、狷介、自ら恃むところ頗る厚く、賤吏に甘んずるを潔しとしなかった

東京電力福島第一原発がある人口七〇〇〇人ほどの小さな町、福島県双葉町の元町長、井戸川克隆と顔を合わせるたび、私は中島敦の小説『山月記』の一節を思い出す。

「狷介」＝固く自分の意志を守って人と妥協しないこと

井戸川を知る誰もが頷くだろう。井戸川も自負心が強く、何事も納得しなければ頑として受け入れない性格であるのは間違いない。

二〇一一年三月一一日、東日本大震災によって福島第一原発の過酷事故が起きた。井戸川は翌日、放射能が降り注ぐ中、町民を引き連れ西に約五〇キロ離れた福島県川俣町へ避難した。だが、ここにも放射能は忍び寄り、一四日には線量計の針が振り切れた。井戸川はここで非凡

な胆力を発揮した。役場から持ち出した安定ヨウ素剤[*1]を独断で町民に配り、新たな避難先を探すため自ら福島県の災害対策本部に乗り込んだ。そこで国や福島県の役人たちが右往左往するばかりで頼りにならないと見るや、自分に付いてきた約二〇〇〇人の町民の避難先を独力で探し出した。

そして一九日、数十台のバスに分乗し、双葉から二〇〇キロ以上も離れたさいたまスーパーアリーナ（さいたま市）に町民を導いた。埼玉県知事やさいたま市長らも井戸川を出迎え、長駆の避難を労った。井戸川はさながら、イスラエルの民を率いてエジプトを出たモーゼのように英雄となった。

迫り来る放射能への恐怖と混乱の中、住民を率いて福島脱出を果たした首長は井戸川だけだ。国や県の指示なしに市町村は何もできないと言われるほど上意下達が徹底されている日本の地方自治にあって快挙とさえ言えた。

井戸川は閉校になっていた旧埼玉県立騎西高校（埼玉県加須市）に役場と避難所を構え、被曝の無視を強いる「福島復興」に抗った。

しかし井戸川が英雄でいた期間は短かった。福島県内に残った他の市町村と比べられ、「なぜ国の賠償指針を受け入れないのか」「なぜ福島県内に戻らないのか」「双葉だけ復興から取り残される」と、足元の町民や議員たちから不満が噴出し、事故発生から二年も経たないうちに町長の座を追われた。

その一年後には原発事故の不条理を象徴する「騒動」の当事者として再び注目を浴びた。今度は決断を賞賛される英雄ではなく、言動を非難される科人（とがにん）として。

井戸川は『週刊ビッグコミックスピリッツ』の連載漫画『美味（おい）しんぼ』の福島編に実名で登場し、鼻血が止まらないなどの体調不良は事故による放射線被曝が原因であると主張したことから、「風評被害をまき散らすな」「福島の復興を邪魔するな」と激しいバッシングを受けた。それ以降、井戸川は「取扱注意」の人物となり、大手メディアからその名前が消えた。

それでも井戸川は屈しなかった。それからわずか半年後、福島県知事選に立候補し、被災者政策の欺瞞（ぎまん）を訴えたのだ。この時の選挙演説は私の心を激しく揺さぶった。

「この事故は過酷だ。分断されてコミュニティはすべて壊された。事故は終わったかのように言われているが、まだ終わっていない。いつもきれいごとばかり言って、被害者を除け者にして決めてきた。声なき声をいいことに県民不在で何でも決めてきた。声なき声を無視して幕引きしようとするのは間違っている。被曝は『風評被害』で片付く問題ではない」

落選しても井戸川は闘いをやめはしない。現在の戦場は東京地裁の法廷だ。井戸川の訴訟は全国各地で起こされた避難者の集団訴訟とは様相が違う。原告は井戸川ただ一人。提訴からもう八年が経つが、まだ一審判決にも至っていない。それは井戸川が自ら書き刻んだ膨大な書面を裁判所に提出し、この事故による被害を余さずに示し、この欺瞞に満ちた国策を徹底的にたたきのめそうとしているからだ。烏合(うごう)の衆に過ぎない集団訴訟ではこんな凄まじい闘いはできない。

福島県知事選に立候補し、仮設住宅に向かって演説する井戸川

私が新聞記者として井戸川と出会ってから一〇年以上が過ぎた。「なぜ井戸川を追い続けてきたのか？」と問われた時、私は何と答えるだろう。現在の井戸川は権力者でも著名人でもなく、損得勘定では説明がつかない。

初めて井戸川に会ったのは、事故から約一年半後の二〇一二年一〇月一六日のことだった。当時双葉町役場の町長室として使われていた旧埼玉県立騎西高校の校長室のドアを開けると、私がこの直前に毎日新聞紙上に掲載した「福島健康調査で秘密会」（二〇一二年一〇月三日）、「委員発言 県振り付け」（同五日）の二本の新聞記事が、おそらく校舎だった時代に校長が使っていた大きなデスクの上に広げられていた。この記事は、福島県が実施している被曝に対する健康影響調査を巡り、公開の有識者委員会の直前に「秘密会」を行い、被曝の健康被害を「なかったこと」にする口裏合わせをしていた事実を報じたものだ。間接的にではあるが、町民を放射能から守るため福島を脱出した井戸川の決断を肯定する内容だった。

井戸川は私の姿を見ると、おもむろに椅子から立ち上がり、「ありがとう、私たちが正しいと証明してくれて」と涙ながらに握手を求めてきた。当時の井戸川が置かれていた厳しい状況を知らず、私は「政治家の人たらしのやり方なのだろう」と斜に構えていた。

同じ頃、福島県内の除染で発生した汚染土を最長三〇年間保管する「中間貯蔵施設」を双葉町に押し付けようと、国や福島県が包囲網を狭めていた。井戸川は「汚染土を受け入れなければならない理由はない」と拒否を貫いたが、町議会から不信任を突きつけられ町長の座を追われた。

井戸川の自宅も中間貯蔵施設に線引きされた内側にある。汚染土を運び込むために無人の荒野を造るという、にわかには理解できない特異な公共事業を井戸川は今も認めていない。祖先から受け継いだ土地を国に引き渡していないが、井戸川の抵抗を無視して工事は着々と進んでいる。

故郷を壊す国策に抗い抜く井戸川の姿は、小さき村を水底に沈め、足尾鉱毒事件の幕引きを図る明治政府に立ち向かった田中正造と重なる。だが、井戸川は田中正造の生き様のすべてを支持しているわけではない。

「田中正造さんみたいに大衆迎合して周りを巻き込むのは良くないよ。消耗戦で疲れさせてしまう。だから俺は一人でやっている」

井戸川は双葉の民を放射能から守った英雄であり、「美味しんぼ騒動」で糾弾に遭っても信念を曲げない闘士であるにもかかわらず、反原発運動の旗頭とはならず、むしろ運動と距離を置いてきた。原発事故の被災者や支援者の中には、スターのように目立つうちに役所に取り込まれたり、特定の党派・組織の代弁者になったりして、いつしか輝きを失ってしまった人もいる。だが井戸川は自らの軸足を双葉から動かすことなく、誰にも阿る（おもね）ことなく自らの生き様を貫いている。あの時の恐怖と痛みを忘れ、変わってしまったのはむしろ社会のほうなのだ。井戸川の言葉を借りれば、「原発事故が起きてから条理や道理が届かない世界になった」のだ。

国策はこの原発事故を「なかったこと」にするため、嘘と隠蔽で泣き寝入りを強いてきた。闘うことを諦めて傍観者になってしまえば楽に生きられる。でも、納得できないまま呑み込んだ棘（とげ）は溶けることなく体内を巡り続ける。そんな煉獄（れんごく）にあって、ブレることなく闘い続ける井戸川克隆は、降りかかってきた災厄から民を守る聖者であると同時に、立ち上がらない民に弱さを突きつける審問官のような存在でもある。

本書は、忘却と忍従を強いる世の流れに背を向け、ただ一人闘い続ける双葉の長と、彼を敬いつつも後に続くことができずに苦しむ双葉の民の姿を通じて、人生を懸けた闘いの意味を伝える物語である。

第一章　砦の主

加須の砦

井戸川克隆が本拠を構える「砦」は東武伊勢崎線加須駅（埼玉県加須市）から北へ延びる商店街にある。加須は広大な関東平野の真ん中を流れる利根川の南岸にあり、晴れた日は特に空が広く感じられる。

商店街と言っても、居酒屋や和菓子屋、ビジネスホテルが点在しているだけで、かなり前に暖簾（のれん）を下ろしたであろう洋品店が解体されないまま残され、地方の小都市につきまとう衰退の影は隠しきれない。

砦になっている三階建ての事務所は以前写真店だった。出入り口の上には、「日進堂」という当時の屋号や「デジカメプリントすぐ出来ます」という宣伝文句が染め抜かれたビニールのテント看板がそのまま残されている。

頻繁に動かなくなる正面の自動ドアを通ると、湿気とインクが入り混じった匂いが鼻をつく。昼間でも薄暗い一階の床には大量の古新聞が山と積まれ、壁面は双葉町長だった頃の井戸川の姿を収めた大判の写真で埋め尽くされている。これを見て、「自己愛が強すぎる」と嫌悪感を抱く人もいるかもしれない。だが、彼は自らの雄姿を眺めて過去の栄光に浸るような感傷は持ち合わせていない。長く光にさらされていないためか、写真は不思議なほど色褪せていない。

奥にある薄いベニヤ板のドアを開けると階段があり、上った先の二階が事務所になっている。井戸川はこの場所を「東電原発事故研究所」と名付けている。部屋の中央には折りたたみ式の事務テーブルが五つ寄せられ、会議スペースになっている。衝立代わりのホワイトボードの向こう側、商店街に面したガラス窓との間にある明るいスペースには、スチールデスクが四つ寄せられており、井戸川自身がオフィスとして使っている。デスクトップパソコンとノートパソコンがあり、デスクの周りには本や書類が山と積まれている。井戸川は一日の大半をここで過ごしている。

事務所の壁面を埋め尽くすカラーボックスとビジネスラックには膨大な量のファイルと本が収められている。背表紙に並ぶ文字は「原発」「放射能」「被曝」など物騒なものばかりだ。奇妙なことに、ほとんどの本が複数冊ある。井戸川は「読書用」と「保管用」として、一つの本を二冊以上まとめて購入している。

毎月最初の金曜日、この砦で「双葉町中間貯蔵施設合同対策協議会」（双中協（そうちゅうきょう））という、井戸川が主宰する団体の役員会が開かれ、「家臣」たちがやってくる。彼らは井戸川と同年代の高齢者で、福島県双葉町から井戸川によって加須へと導かれてきた。阿鼻叫喚の中で体を張って民を守り、齢（よわい）七〇を過ぎても自己研鑽を続ける井戸川を今も「双葉の長」として慕い、崇めている。そんな彼らの思いを酌み、アナクロな表現ではあるが、本書ではあえて「家臣」と呼ぶことにしたい。

双中協はここで毎月役員会を開くほか、毎年一回ずつ加須市の騎西文化・学習センター（通称・キャッスルきさい）で総会と学習会を開いている。

井戸川は双中協を「町民の学習の場」と位置づけていた。「自らの置かれた現状を知り、騙されないよう勉強しなければいけない」という持論に基づく集まりだった。

井戸川の言葉は揺るがない。

「本来だったらみんな揃って双葉町に戻ることが条件ですよね。強制避難させたんだから。責任をもって国は全員を戻さないといけない。戻るやつだけ戻ればいいって。これはとんでもない。責任者として失格です」

「やるべきことをやらないで、事故が起きたら『想定外』。これはずるい。騙されないようにするのは自分自身ですからね。現実から目をそらさないでください」

「安全か安全でないかを決められるのは町民一人ひとりなの。だから決められるだけの情報がないとだめ。しっかりと勉強しないとだめですよ」

井戸川は町長の座を降りても、原発事故の被害と向き合い、泣き寝入りしないよう町民に伝え続けている。

「取扱注意」の変人

双中協が結成されたのは二〇一四年九月二〇日。キャッスルきさいの会議室で開かれた結成集会には、私も取材者として同席していた。

「美味しんぼ騒動」から半年も経っておらず、「取扱注意」と書かれた見えないシールは井戸川の背中に貼られたままだった。上司から取材の指示を受けたわけではなく、井戸川から呼ばれた記憶もない。もちろん毎日新聞の翌日付の紙面にも会の結成を伝える記事を書いていない。なぜ最初から記事を書くつもりもないのに東京から二時間かけて加須を訪れたのか、今になって考えてみると、この頃すでに井戸川の強烈な磁場に引き寄せられていたのかもしれない。

当時の取材ノートを読み返すと、私のほかにも新聞やテレビの記者七、八人が取材に訪れている。福島の地元紙・福島民友新聞は翌日、見出し一段のいわゆる「ベタ記事」で双中協の結成を報じている。見出しは「中間貯蔵建設　国側と交渉へ／双葉の住民有志が協議会」。うがった見方かもしれないが、反体制的な団体の結成を好意的に取り上げまいとする意図が垣間見える。国や福島県への配慮もあったのだろう。

中間貯蔵施設は、福島第一原発を三方から囲むように広がる一六〇〇ヘクタールの土地で、福島県内の除染作業で発生した膨大な放射能汚染土を運び込み、最長三〇年間にわたり保管する。その後は福島県外のどこか、まだ決まっていない場所に移して最終処分する「約束」になっているが、それを信じる人は少ない。

双中協結成の三週間ほど前に、当時の福島県知事と双葉、大熊の両町長が中間貯蔵施設の受け入れを発表したところだった。

双中協の結成集会の出席者は三〇人ほどで、七〇を超えているであろう高齢者ばかりだった。井戸川はこう挨拶した。

「私は性格が悪いもので、はじめから決めておくのは大嫌いです。なかなか進まないのが民主主義の原則で、あまり根回ししすぎてはいけません」

反対団体の結成集会なのだから、「受け入れ撤回に向けて頑張りましょう！」と訴えるのが普通だろう。挨拶からしてかなり変わっている。世間ではこういう人を偏屈と呼ぶのだろう。

井戸川の挨拶が終わると、一人の小柄な女性が勢いよく立ち上がり、「東京から来ました。この会の人数を増やさなければいけない！　何とかしたい！」と呼びかけた。双葉町民に限らず、反原発・反被曝の活動をする人々を糾合し、会の拡大を図るべきだと言いたいのだ。

七〇代半ばと思しきこの女性の顔には見覚えがあった。双葉町からの避難者として新聞やテレビにもよく登場していたからだ。避難者というより運動家然とした振る舞いに見えた。数多くの取材を受けるうちに、マスコミから期待される役割を演じるようになったのかもしれないと思った。

彼女の発言に危うさを覚えたのだろう。少し離れた席に座っていた高齢の男性が立ち上がり、「会員の資格はどうしますか? 規約にそう書いたほうが良いのではないでしょうか? 双葉町民に限りますか? 福島県内で避難した人はまずいのかなと思います。」と井戸川に問いかけた。要は女性の提案を退けるよう求めていた。

井戸川の顔に一瞬動揺が浮かんだが、すぐに冷静さを取り戻し、「まあ……、会員資格は双葉町民で趣旨に賛同することだけで、(福島)県内外はあえて規約に入れなくていいのかなと思います」と述べ、路線対立をうまく引き取った。

原発事故は被災者を「分断」したとしばしば言われる。門地、立場、性別、年齢……、役所が一方的に打ち出した被災者施策は人々の間に見えない線を引いていく。不思議なことに、怒りの矛先は恣意的な線引きをした役所にではなく、線引きによって立場を違えることになった同じ被災者に向けられていく。

双葉町長だった井戸川はそんな役所の分断統治を熟知している。

「皆さん、『おら分かんねえ』で茹でガエルにならないようにしてくださいね。国や県に決めてもらうのではなく、自分たちで決めていかなければいけません」と呼びかけると、出席者から盛大な拍手が上がった。本心から賛同しているのかは、喜怒哀楽の乏しい出席者の表情からはうかがい知れなかった。

反原発・反被曝の運動と糾合し、会の拡大を主張した女性はその後、双中協に現れなくなった。

長と家臣たちの不思議な関係

二〇一九年春から私も双中協の会合に出るようになった。

結成から四年半が経っても、双中協の会員は名前だけの人を入れても四〇人ほどにとどまり、拡大の気配さえ見えなかった。二〇一九年四月の年次総会に出席したのは、井戸川を含めてわずか一五人。私はこの時「除染と中間貯蔵施設」をテーマに講演したが、家臣たちの反応は鈍かった。私の説明が拙（つたな）かったこともあるが、新たな知識を得ようという意欲が感じられなかった。

彼らが不真面目ということではない。毎月の役員会には、皆午後一時半の定刻前に現れ、私が着く頃には砦の二階にある会議スペースに勢ぞろいしている。

座る席はいつも決まっている。ホワイトボード前の主席に井戸川が座り、井戸川から見て右側は、幾田慎一、藤田ヨネ子、宗像泰昭、松木桂子。背後にスチールラックが並ぶ左側は、私、新野亥一、田中文昭、事務局長の井上一芳の並びだ。私の定位置は井戸川と新野の間で、正面に幾田がいる。

会合が始まる前のひと時、家臣たちは「うちのお父さんは午前中の散歩が仕事だもの」「この前双葉の家に戻ったら、うちの田んぼが草ぼうぼう」などと四方山話を楽しんでいるが、時計の長針が真下を指すと一斉に口を閉じる。すると井上が「それでは役員会を始めたいと思います。それでは会長、挨拶と報告を」と開始を告げる。

会長の井戸川が「国の力を使って隠蔽やメディア操作が行われ、私たちは混乱させられている」「私はずっと独裁はダメという姿勢でやってきました」など、折々の関心事に触れながら毒気たっぷりの挨拶をした後、いよいよ原発事故の話題に入る。自らの裁判の進捗状況や、地元自治体を無視して進められた被災者政策への批判、国や福島県の押し付けに断固拒否を貫いた町長時代の苦闘——などが中心だ。

自慢や自画自賛と受け取られやすいのを自覚しているのだろう。その日のネタを一通り話し終えると、少し気恥ずかしそうに「みんなに言ってなかったけど、町民のためにいろんなことしてたんだよ」と言って挨拶を締めくくるのが常だ。

会議に先立ち、その日の議題が書き込まれた議事次第のほか、結構な量の資料が配られる。例えば二〇一九年六月七日の役員会の議題は、①避難指示解除に関する問題点②双葉町長への申し入れについて――だった。そして環境省が毎月発表している中間貯蔵施設の用地確保状況のほか、すでに避難指示が解除された浪江町の議会で町民税の減免を巡って紛糾（ふんきゅう）したことを報じた雑誌記事、JCO臨界事故（一九九九年）後の健康診断は年間一ミリシーベルト以上の被曝をしたと思われる周辺住民が対象であることを示すチラシなどが配布された。

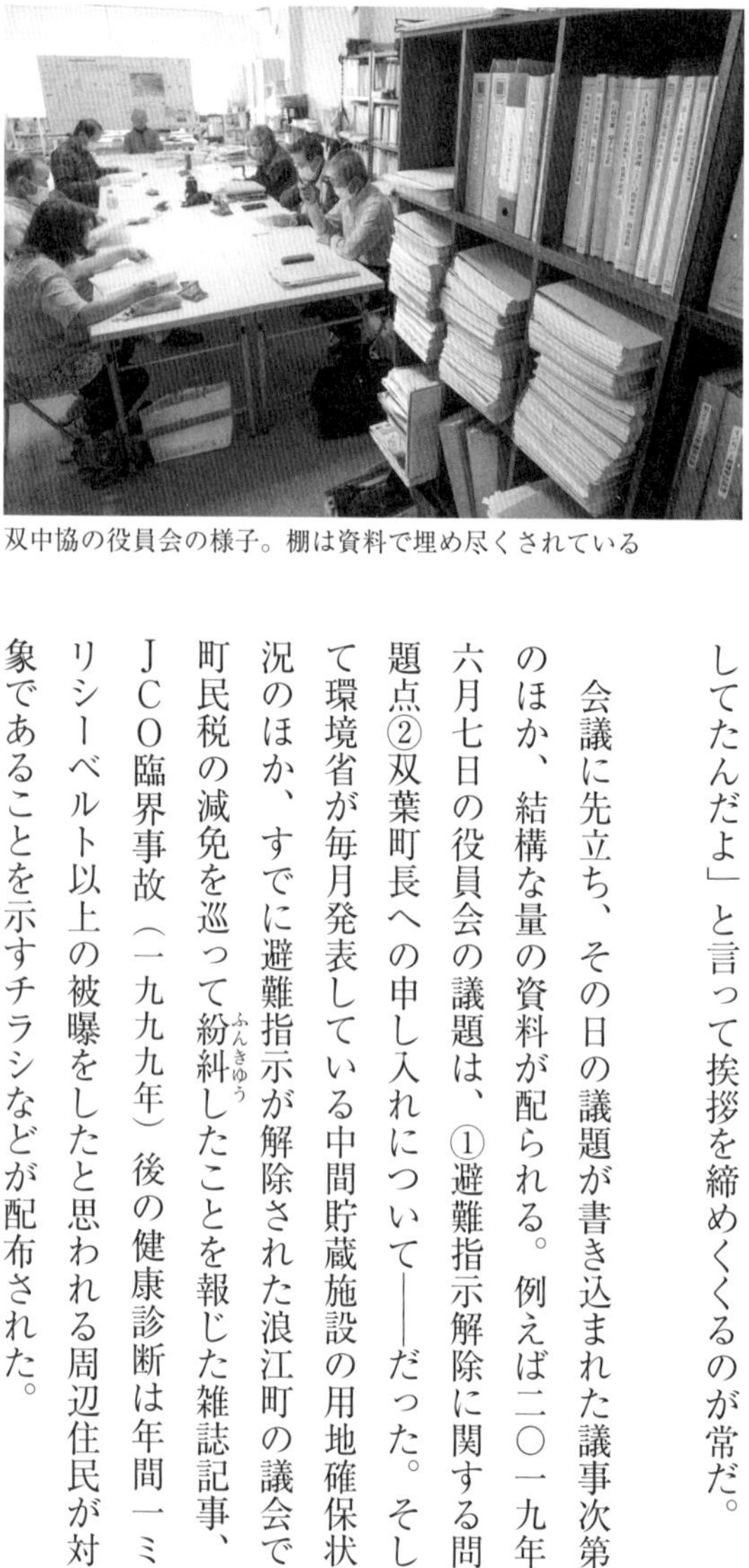

双中協の役員会の様子。棚は資料で埋め尽くされている

この時、井戸川は「減免は平成三〇（二〇一八）年度までって、国が勝手に作ったシナリオ。避難指示が解除されたって元通りの町じゃなくて、（原子力）緊急事態宣言も出たままなのに、そんな馬鹿な話はない」「我が国では年間一ミリシーベルトと定めています。（年間）二〇ミリシーベルト[*2]で町民の健康と生活を守れますか?」と持論を展開している。

議事次第には終了予定時刻が「午後三時」と書いてあるが、予定通りに終わることはない。井戸川の独演会が長引き、一時間ほど超過してようやくお開きになる。家臣たちはその間、合いの手を入れる程度の口を挟むだけで、井戸川に対する反論や配布資料に関する質問もしない。事務局長の井上を除き、誰もメモさえ取っていない。

井戸川が双中協にエネルギーを注ぐ理由が分からなかった。率直に尋ねると、こんな答えが返ってきた。

「みんな思いは強いんだけど、アクションを起こすまでには時間がかかるんだよね。確かにもやもやすることもある。でも、しょうがないんだよな。去年から少し人数が減ったんだけど、組織ってやっていると減るんですよ。あと純粋化してしまうと、同じ人ばかりが集まってしまう。それも良し悪しで。排除の論理を先にやってしまうと成り立たなくなるから難しいよ。でも、原発事故でこういう勉強会をやっているのはここだけじゃないかな。わっと人を集めて外部の力を借りて気勢を上げたら運動みたいになっちゃう」

井戸川は家臣たちの関心にお構いなく持論を押し付ける「暴君」ではなかった。彼らが聞き飽きないよう、ホワイトボードをスクリーンにして原発事故や被曝をテーマにした動画を上映することもあった。今は変わり果てた故郷の在りし日の姿は、いつも口数の少ない家臣たちの表情を緩ませる。

「これ、バラ園の入り口だ」
「最初はここに避難したんだ」
「ここにうちのお墓があるんだ」
「今はなんにもねえ」

彼らの故郷は放射能汚染が残ったままで、事故後一〇年近く経っても安心して帰れる状況にはない。それなのにこの国は人間の一生に収まらないほどの長い汚染を「なかったこと」にして幕引きを図っている。「国に何を言っても無駄だ」「被災者のままでいたくない」と諦め、理不尽から目を背けてしまうのも無理はない。

砦を訪れる家臣たちは、理不尽に敢然と立ち向かう井戸川の側を離れようとしない。でも、井戸川の後に続いて闘おうともしない。

井戸川と彼らの不思議な関係を観察する中で、今まで見えなかった原発事故の被害が見えてくるのではないか――そんな期待を抱き、私は毎月加須へ通い続けた。

切り捨てない男

「『みんなどうすんだべなあ』って横を向いたって何の知恵も出てこねえ。『みんなが、みんなが』って言い続けてもう一〇年になるんだよ。このままじゃ完璧にのされちまう。国の思うツボだ。自分でやらねえといけねえんだ」

二〇二〇年二月七日の役員会。いつものように井戸川が家臣たちに奮起を促すと、双葉では石工をしていたという宗像がとぼけた答えを返した。

「何度も言うけど、中間貯蔵の除染の土はよう、ゼロリスクにできねえのか？」

井戸川は少し呆れた様子で、「俺に聞かれたって、俺は物理学者じゃねえから答えられねえ」と突き放した。

井戸川は「法律は不遡及が原則だ。事故が起きる前の約束を守れ」と訴え続けている。「原発安全神話」に依存していた事故前の約束など虚構（フィクション）に過ぎない。だから国は約束を反故（ほご）にしても開き直り、泣き寝入りするよう国民に強要している。事故前の約束など虚構でしかないことを分かってはいても、それを認めれば国の無法を許すことになる。被災者のジレンマだった。

「いつも言っていることだけど、事故が起きる前に国会でこういうことが議論されていたと、皆さんにお伝えします。共産党の吉井（英勝・元）議員の質問、これすごいですよ。第一次（安倍）内閣の時に津波対策を安倍晋三に質問している。そしたら安倍は『そんなこと起きねえ』って答弁してるんです。[*3]それなのに早く避難解除したい、オリンピックやりたいって言っているんですよ。皆さん、自分たちがどういう被害を受けているのかを分かってちょうだい」

井戸川はいくぶん興奮しながら訴えかけたが、家臣たちの反応は鈍い。宗像が「まったく分かんねえ……。それがどれだけ大事なことなのか分からんねえ……」とこぼすと、井戸川が落胆した様子で返した。

「ウソつかれてんだよ。そこを晴らさないと、どんなに（賠償で）立派な家を作っても、無念は晴れないと思うよ。こんなにウソをつかれていたんだって分かることで、少しは気持ちが前に向かないかなあ……」

井上が助け舟を出した。

「会長（井戸川）が言うように、それを今後どう向けていくかなんだよ」

それでも、井戸川の思いが届いたようには見えない。松本は「でも……、『国はこう言ってっど』ってみんな言うのよね。『あんたはそれで納得しないのか』って言われると、返す言葉がなくて……」と弱音を吐いた。

井戸川は「でも」で始まり、「だめ」や「無理」で終わる話が大嫌いだ。そして「みんなが」「誰かが」と自らの考えを他人に委ねるのを絶対に許さない。

井戸川は怒りをこらえながら松木に諭した。

「あのねえ、国って幻にみんな騙されているんですよ。この世の中に国なんて実態はないの、ただの組織なのよ。町もそう。国は本来被告なんだよ。だから『被告が何を言っているんだ』『国の誰がそう言っているんだ?』って言い返さないといけないのよ。軍人教育をされると洗脳されちゃうんだ。悲しいよな」

しょげこんでしまった松木に気づき、言いすぎたと後悔したのだろう。井戸川は話題を変えた。

「国や福島県がこんなひどいことをやっているんだって分かってもらわないと……。こういうことを言えるのは俺しかいないんだから、双葉郡の他の町村長は原発事故の時は何をするって決まっていたか知らないで、県の言う通りにしちゃったんだから……」

自分から離れない双葉の民を切り捨てられない。井戸川にはそんな優しいところがある。他人に甘えず闘うよう家臣たちに強く迫るのだが、許しを請われるとあっさり矛を収めてしまう。おそらく家臣たちも井戸川が隠し持つ優しさに気づいている。

家系の継承と個人主義

井戸川は事故直後、福島県外で双葉町民がまとまって暮らし、六〇〜一〇〇年後に汚染が低減するのを待って双葉に帰還するという、壮大な「仮の町構想」を掲げた。この時、井戸川が訴えた理念が「家系の継承」だった。

東京郊外のサラリーマン家庭で育った私にとって家系を意識する機会はほとんどない。だから「家系の継承」という理念にピンと来なかった。はっきり言えば、「家系の継承」に意義を見出せなかった。

井戸川が出自の良さをひけらかしているようにも聞こえた。井戸川家は遠く戦国時代からの家系図が残っているという由緒ある家柄で、代々、「隆」の一文字を男子の名前に入れてきた。双葉町史によると、新山町と長塚村が一九五一年（昭和二六年）に合併して標葉（しねは）町が発足。それから五年後に双葉町に改称した。今から約一〇〇年前の一九二〇年（大正九年）当時の新山町長「井戸川議隆」は井戸川の祖父だ。標葉町発足時の町議会議員二二人の中には、井戸川の父「井戸川盛隆」の名もあった。

中間貯蔵施設内に残る井戸川家の所有地を示した地図を見たことがある。赤色に塗られた所有地は十数カ所に上り、広範囲にわたっていた。環境省は毎月、中間貯蔵施設の用地取得状況をホームページ上で公表している。二〇二二年八月末時点で民有地一二七〇ヘクタールのうち未取得の土地は全体の七%、八七ヘクタールしかない。もしかしたら、この未取得地はほとんどが井戸川家の土地なのではないか――そう尋ねると、井戸川から「いやあ、どのぐらいあるのか分からねえ」とはぐらかされた。

後になって知ったことだが、井戸川は八人きょうだいの末っ子で、長男ではなく三男だった。井戸川曰く、「上の二人が継がなかったから仕方なく家督を継いだ」のだと。

井戸川はしばしば「俺は子供の頃優等生ではなかった」と明かす。学校のルールに従わず、放課後は気心が通じた若い教師と連れ立って海や川に行き、魚釣りで時間を潰すような風来坊だったという。この頃、映像で見たカナダの広大な風景に惹かれ、将来は移住を夢見ていた。父親からは農業高校に進学して農業を継ぐよう求められたが、それを蹴って自らの意思で工業高校を選んだ。卒業後は父親の紹介で町の有力者が経営する地元の建設会社に入ったものの、三年ほどで飛び出して上京。三〇を過ぎて井戸川家の家督を継ぐため帰郷し、自ら水道工事会社を設立した。

敷かれていたレールに乗ることなく、自らの手で人生を切り開いてきた自負があるのだろう。井戸川はしばしば、親や学校に従う素直な「良い子」を育てるような画一的な教育行政をこき下ろす。

「もっと若い人が議論できるようにしないといけない。赤木ファイル（森友学園問題における公文書の改ざんの経緯をまとめた文書）の問題見たって分かるでしょ。このままだと自分が生き残るためにウソでも何でもつくような公務員だけが生き残る社会になってしまうよ」

自分の頭で考え、自分の口で主張するよう一人ひとりに求める個人主義と、「仮の町構想」で掲げた「家系の継承」という理念は一見すると整合していないように思える。しかし井戸川が家臣たちにこう呼びかけるのを聞き、井戸川の中では二つの考えが地続きになっているのが分かった。

「みんな被曝させられない権利があるんです。遊んでいる暇ありません。ニコニコしている暇ありません。未来に向かって何をするのか。自分が暮らしてきた場を子孫に向かって回復するのが一番の財産ではないでしょうか。子孫に何を残すのか。私の家系を見るとかなりの戦死者がいます。そうして守った地域だから、必死に汗を流してます。『もう考えたくない』『疲れた』って思うかもしれませんが、荒れた土地を開墾し、美田を作った先祖を思えば、皆さんにも頑張ってほしい。俺だけ勉強していても仕方ない。希望を持っていきましょう」

父祖伝来の地を代々守り続けてきた双葉の民にとって、子や孫たちにそのバトンを渡すことが人生の意義だ。唯一の意義と言ってもよいかもしれない。

だが原発事故は突然、それを彼らから奪い取った。しかも生きる目標を見失い、茫然自失とする彼らを尻目に、子や孫たちは土地に縛られた人生からの解放を喜んでいるとなれば、喪失感が募るばかりだ。

「生きてきた意義を奪い返すため闘え」

井戸川はそう伝えているのかもしれない。

コロナ禍を経て再開

二〇二〇年四月、新型コロナウイルスの感染拡大を受けて緊急事態宣言が発令された。社会のすべての動きが止まり、双中協も長期の活動休止に追い込まれた。私は内心、再開の日は来ないかもしれないと危惧(きぐ)していた。参加するようになって一年が過ぎていたが、毎回井戸川の独演会が続くばかりで、家臣たちが主体的に参加する動機(モチベーション)が見えなかった。井戸川にとって双中協は故郷の思い出話に花を咲かせる「おちゃこ(お茶会)」ではない。井戸川が言うように、双中協が理不尽と闘うための「勉強会」なのだとしたら、家臣たちにモチベーションがなければ続かない。再開の日が来るとは思えなかった。

だから二〇二一年九月、混乱の中強行された東京五輪・パラリンピックが終わり、もうすぐ三回目の緊急事態宣言が終わるタイミングで井上から活動再開の知らせが届いて驚いた。

九月二四日の午後、私が砦を訪れると、定刻前にもかかわらず、コロナ禍前と同じように七人の家臣たちがすでに勢ぞろいしていた。誰も井戸川の側を離れなかった。故郷を離れて一〇年。先行きの見えない日々を送る彼らにとって、一年半は心変わりさせるほどの長い時間ではなかったのだ。


この日の議題は、国と双葉町が来年（二〇二二年）夏にも強行すると見られていた避難指示解除についてだった。この事故の「償い」はすべて避難指示と連動しており、解除されれば基本的に「償い」は終わりになる。賠償だけではなく、住宅、税金、医療、介護……これまで避難者に与えられていた「優遇」はなくなり、すべてが元通りに戻っていく。避難指示の解除とは、「もうこれ以上は面倒を見ない」という国からの最終宣告だった。

「事故から一〇年も経つのだからそんなの当たり前だ」と言う人もいるだろう。だが、老いた彼らは生業を失い、子や孫たちはすでに新天地へ飛び立った。変わり果てた故郷に一人帰ってもそこに希望はない。

井戸川はこの日、双葉郡内で事故前に配られていた福島県の防災パンフレットを家臣たちに示した。「ここには『避難指示の解除は放射能の放出が止まってから』と書いてあるんです。皆さん『事故前の約束を守れ』と主張してくださいね」と説いた。彼らが正々堂々と解除反対を主張できるよう「根拠」を伝えたのだ。

双葉町を除く市町村ではすでに避難指示が解除されている。既成事実が着々と積み上がっていく状況にあって井戸川の主張はどこか現実感のない、浮世離れしたものに聞こえてしまうが、よく考えてみると、井戸川が訴えているのは真っ当な原理原則だ。国が一方的に押し付ける虚構を頑として受け入れず、原理原則の旗を降ろさない井戸川が無視されている現状はこの事故の不条理を露わにしている。

井戸川は再開前と同じように、「我々は帰らないいんじゃなくて帰れないいんだと伝えなければいけない」と家臣たちに呼びかけた。

すると、いつもとぼけている宗像が珍しく熱く応じた。

「本当は放射能があるから帰れねえんだ。極端なことを言うとさ、原発が事故さ起こす前の放射能に下がるまで帰んないでいいって」

松木も続いた。「放射能が出なくなってきれいに掃除してからだと、そうしない限り私は帰れないって言っているから」

　久しぶりに家臣たちの元気な声を聞き、井戸川も感極まっているように見えた。

「みんな帰りたいんだ、帰らせてくれって言ってちょうだいね。（放射能がない）元通りにして帰らせてくれって。それなのに帰れないとか、帰らないって言うなって。帰りますか？　って聞くこと自体がおかしいんだ。帰らないって言ったら負けだ」

第二章　籠城戦

持ち込まれたインタビュー企画

物語を少しさかのぼりたい。私が井戸川克隆と二度目に会ったのは二〇一三年一二月六日のことだった。場所は東京・神保町にある老舗出版社の地下応接スペース。編集者を通じて井戸川のインタビュー企画が持ち込まれた。県民健康管理調査の不正を追及した一連の報道を見て、井戸川が私をインタビュアーに指名したようだ。

井戸川はこの年の二月に双葉町長を辞職していた。国が策定した原発賠償の中間指針や、中間貯蔵施設の受け入れを拒み続けたが、町内外で強まった辞任圧力に抗いきれなかった。

当時の報道を見ると、井戸川は「信念を曲げてまで町長を続けるつもりはない」「町民の健康と町を守りたいという思いだけで取り組んできた。悔しい気持ちもあるが、潮時だと思った」と話している（二〇一三年一月二四日付、福島民報）。スキャンダルで辞任する政治家が口にする決まり文句と同じように思えたが、井戸川は当時、たった一人で国策に立ち向かうという絶望的な闘いの渦中にあった。むしろ、個人的なスキャンダルで辞めるような政治家が「信念」や「住民を守る」と口にしているほうがおかしいと気づいた。

二〇一四年までに計三回のインタビューを行ったが、結論から言うと、本の出版には至らなかった。

井戸川の発言をそのまま文字に起こし、背景の説明を加えて原稿にまとめるだけなら本にできただろう。しかし、それでは私がやる必要はない。

この時に私が採った方法は、井戸川が町長在職時に書き残した手帳やノートを基に、井戸川に聞き取りをするというものだった。情報公開請求などで入手した公文書を基に、担当者に裏取り取材をする調査報道の手法を当てはめようと試みたのだ。だが、これは完全な失敗だった。「私は答えを言わないよ」が井戸川の口癖だ。井戸川はブレずに原理原則を主張する一方、原理原則を信じるに至った長い経緯や確かな根拠を順序立てて説明しようとしない。また世間一般の尺度で見れば、過激、極端としか言いようのない表現を井戸川はしばしば使う。原発行政の欺瞞の大きさを思えば、井戸川の表現は的確なのだが、そこだけ切り取ると、いわゆる「陰謀論」のような話に読めてしまい、「美味しんぼ騒動」のように問題の本質ではない部分で物議をかもしかねない。私は当時、井戸川のノートや手帳に記された理知的な記述を基に、インタビュアーとして行間を補足することで井戸川の真意を読者に届けようと考えていた。今振り返っても、私の見立ては間違っていなかったと思うが、残念なことに、当時の私には行間を補足する力がなかった。

井戸川は自らと同レベルの見識と気概をインタビュアーに対して求める気難しい取材対象者だ。原発事故の当事者であり専門家を自任する井戸川と肩を並べるなど簡単にはできないと思うのだが、井戸川はハードルを下げてくれない。はっきりとは言われなかったが、井戸川はインタビューを通じて、私の力不足を見抜いたのだと思う。

それでも、このインタビュー取材は、井戸川が双葉町長在職中に経験した壮絶な真実と、町長の座を追われても闘い続ける理由を知る貴重な機会になった。

激動の御曹司

福島第一原発事故が起きる前、井戸川は「原発推進派」の政治家と世間一般からみなされていた。原発の使用済み核燃料から取り出したプルトニウムを再利用する「プルサーマル計画」の福島第一原発での実施を受け入れ、七、八号機の増設を国や東電に求めていたからだ。「原発推進派」と呼ばれることをどう考えていたのか――インタビューはこの質問で始まった。

「東電や国に使い捨てにはされないぞと事故前から思ってましたね。東電に牛耳られたくない、絶対に魂を売らないつもりでいた」

「私は答えを言わないよ」が口癖の男だ。想定通りの答えが返ってくることはほとんどない。

次に井戸川と原発のなれそめを尋ねた。井戸川の回顧によると、双葉町に原発誘致の計画が持ち上がったのは中学生の頃だった。幼少期に見た原爆被害の映画を思い起こし、「とんでもないものを誘致するんだ。困ったもんだ」と漠然とした不安を抱いていたという。

井戸川は地元の工業高校を卒業後、当時の町長が実質的に経営していた建設会社で働き始めた。だが、「ここでいつまでもやっていてもダメだ」と考えて三年ほどで退職。しばらく地元で職を転々としていた中で、当時建設の真っ最中だった福島第一原発二号機の格納容器を組み立てる仕事に就いたこともあったという。

「大手メーカーの下請けの飯場が双葉にあって、何をやる会社か知らなかったけど、『ちょっと働きたい』って言ったら、『すぐに来い』と。人がなんぼいたって足りなかったわけですよ。ぶ厚い鉄板をジャッキで曲げて合わせる仕事やってたんだけど、こんな素人が造っている原発が最新鋭の技術のはずがないよね」

その後、二四歳でいったん双葉を飛び出し、東京で水道工事の仕事に就いたが、三〇歳を過ぎて「井戸川の家督を継ぐ」ため双葉に帰郷。自ら水道工事会社を興し、三〇年かけて一〇人以上の従業員を雇い、町や東電の発注工事も請け負う優良企業に育て上げた。

ここまでだけでも、名家の御曹司とは思えない激動の人生だ。井戸川が時折、「俺は自分の手で人生を切り開いてきたんだ」と自負を口にするのも頷けた。

井戸川の激動の人生はさらに続く。大きな転機になったのは二〇〇五年の双葉町長就任だ。「祖父や父の苦労を見てきたから選挙だけはやらないとずっと思っていた」（井戸川）というが、それなのになぜ立候補したのか。

「前の町長だった岩本（忠夫元町長＝故人）さんは経営感覚がまるでない人だった。周りの町にならって運動公園とか作ってもランニングコスト（維持費）がかかるだけなのにね。地方自治体でも費用対効果の感覚は必要でしょ。借金まみれの双葉町をなんとかしなければいけないと思った」

ところで、二〇〇二年に技術者の内部告発をきっかけに東電の「トラブル隠し問題」[*4]が噴出した。佐藤栄佐久（えいさく）・福島県知事（当時）は激怒し、東電の全原発が運転停止に追い込まれた。また二〇〇五年八月には関西電力美浜原発三号機（福井県美浜町）で作業員五人が死亡する蒸気噴出事故も起きた。

原発業界の表層では、事故や不祥事による逆風と、形ばかりの禊（みそぎ）の後に訪れる順風が短期間のうちに繰り返される。一方、深奥に潜むリアルな時間軸は人の一生を超えるほど長い。原発は準備を含む建設期間だけで優に一〇年を超える。完成後の運転期間はいまだ定まらず、運転終了後の廃炉にどのぐらいの時間がかかるかは見当もつかない。短期間で揺れ動く表層と、長期間ほとんど動かない深奥。かけ離れた二つの時間軸の間に生じる物理的な矛盾を覆い隠すかのように、原発行政の欺瞞は作られていく。

原発への逆風が吹き荒れていた二〇〇五年一二月、井戸川は双葉町長に初当選した。東電の勝俣恒久（かつまたつねひさ）社長（当時）はすぐに双葉町役場を訪れ、「これからは隠しません。何でも報告します。

隠さずに何でも言えるように生まれ変わりました」と平身低頭で誓ったという。
だがその後、佐藤栄佐久知事が東京地検特捜部に逮捕・起訴されて辞任し、代わって佐藤雄平知事が就任すると、風向きは一変する。温室効果ガスを排出しない「クリーンエネルギー」を看板に原発は復権し、ストップしていたプルサーマル計画も再び動き始めた。

国と東電の「井戸川詣で」

井戸川の手帳によると、二〇〇九年一二月の再選直後から、東電や経済産業省、福島県の幹部たちからひっきりなしに訪問を受けている。

〈二〇〇九年〉
一二月二五日　東京電力清水社長
〈二〇一〇年〉
二月一〇日　東京電力林立地部長来庁
〃　一二日　東京電力内藤常務来庁
〃　一六日　佐藤雄平・福島県知事がプルサーマル計画の受け入れを県議会で表明
〃　二五日　資源エネルギー庁潮崎室長補佐来庁

四月　五日　東電林ほか来庁
六月　三日　エネ庁熊谷様来庁
〃　一八日　東電武黒副社長、半田立地地域部長来庁
〃　二二日　保安院黒木審議官来庁
七月二三日　東電副所長　武藤栄様来庁

「清水」「武黒」「武藤」ら、事故後に法廷で責任を問われた大幹部の名前も登場する。「井戸川詣で」の狙いは、福島第一原発でのプルサーマル実施だけではなく、当時「全国原子力発電所所在市町村協議会」の副会長だった井戸川に、定期検査（定検）間隔の延長を呑ませることにもあった。

「ふざけるなって怒りました。目いっぱい怒った。（原発がある）町のライフスタイルは定検に合わせたもので、地元で定検がないと作業員は全国の原発の現場に飛ぶ。その間は留守家族になるし、地元の雇用と経済に打撃がある」

プルサーマル計画の本当の目的は資源の有効活用ではなく、使用済み核燃料に含まれるプルトニウムを消費し、核燃料サイクル[*5]という虚構の政策を維持することにある。定検間隔の延長にしてもそうだが、地元の住民と自治体にとってはリスクが増すだけで、メリットはまったく

ないと言っていい。だから国と電力会社は地域振興という名前の〝飴玉〟を与え、住民の反発を抑える〝汚れ仕事〟を首長にやらせる。原発行政のずるい手口だ。

井戸川は最終的に矛を降ろして二つの政策を受け入れた。

「私のところ（双葉町）では増設をしたかったわけですよ。だから『増設のために』とちょっと自分を抑えました」

しかし肝心の原発増設はいっこうに進まなかった。産業の空洞化が進み、電力需要の低迷が続く国内の経済状況もあって、国や東電にとって増設の優先順位は低かったのだ。井戸川の手帳を読むと、いろいろ理由を付けて、のらりくらりと井戸川の要求をかわす東電や国の巧妙ぶりが垣間見える。

〈二〇一一年〉

一月　五日　県庁、副知事、次長　増設申し入れの日程について

〃　六日　東電林来庁　増設について話す。途中副知事から電話。今回は延期したい。富岡町長が反対しているため

〃　二五日　東電林来庁　郡内、県の状況説明。増設について富岡町議長が時期尚早と言っている。プル（プルサーマル）が始まってまだ時間が経っていないためと

〃　二七日　新山にて内藤氏（東電常務）と。増設問題と病院問題について。病院問題がこじれると増設が遠のくのか東電としては心配している

〃　二八日　東電武藤副社長、第一、第二所長来庁

二月二〇日　東電林より電話ある。増設のトーンダウンした

増設との取引材料と考えていたにせよ、あっさりプルサーマルと定検間隔の延長を呑んだのは井戸川らしくない。その背景には原発行政特有の空気感があった。

――もしかして国策に貢献しているという高揚感がありましたか？

「あった。これは皆さんが持っていない感覚だと思うんですけど、我々のところで電気を作って送り出しているという馬鹿なプライドがあったんです。馬鹿だよね。都民はそんなこと考えていないし、事故が起きても無傷で、オリンピック（招致成功）で浮かれている。（原発行政に）協力するっていうのは依存じゃないんです。国はずるいんですよ。我々に責任を転嫁しているわけです。地元がいいと言ったからプルサーマルをした、とかアリバイに使われているのは分かっていたんだけどね」

しかし原発との共存は過酷事故（シビア・アクシデント）が起きない前提でしか成り立たない。すべてを失う可能性があると分かっていながら受け入れられるはずがない。だから原発をいったん受け入れてしまった地元の住民は自らの罪悪感を振り払うため、「原発安全神話」にすがり、事故は起きないと思い込むようになる。井戸川もそれを分かっていたという。

——本当に事故は起きないと考えていましたか？　「原発安全神話」を信じていましたか？

「事故に備えた住民の避難訓練もやっていたんだけど、国は放射能漏れがない前提でシナリオを作るわけです。放射能が出る恐れがあるという訓練をやって、結局出なかったというシナリオなので半日で終わる。日中も家にいる人たちがバスに乗って、避難所に来てスクリーニングを受けて、最後はおにぎりを食べて、ニコニコ笑いながら、ご苦労様で終わり。本当に事故があったらどうしますかとは誰も言わない。学芸会みたいなもんですよ。本当に起きたらこんなもんじゃ済まないとは思っていました」

——そうすると、「安全神話」を信じていたというより、信じたふりをしていたか、あるいは信じるしかなかったということですか？

「うーん、まあ本心で言えば信じていなかったけど、信じたふりをしていたというか……。

（事故が）ないことを願わざるを得ないし、『ちょっとこれはおかしいな』と思いながら、不審に思いながらも神頼みだったよね」

井戸川は事故後、「事故は起こさないと我々を騙し続けてきた責任を取れ」と国や東電を厳しく追及している。それに対して、「騙されたほうが悪い」とか、「神頼みで反対しなかったのだから同罪だ」と批判する人もいるかもしれない。だが、よく考えてみてほしい。騙されているかもしれないと薄々感づいていたとしても、それが泣き寝入りしなければならない理由にはならない。

事故で福島脱出を決断

二〇一一年三月一一日午後二時四六分、その時を井戸川は福島県富岡町にあった双葉地方会館で迎えた。公務を終えて車に乗り込み、駐車場を出たところで強い揺れを感じた。

「最初はタイヤがパンクしたのかなと思った。でも二〇メートルぐらい走ったら揺れが大きくなって、車がバウンドしたので、車を停めてハンドルにしがみついた」

井戸川は町長在職中、経費削減のため運転手付きの公用車を使わず、役場外で公務がある際は自らハンドルを握って移動していた。

急いで双葉町役場に戻り、四階に上って東側に広がる太平洋を見ると、津波が押し寄せてくるのが見えた。井戸川の自宅は役場と海岸線の中間にあるが、高台にあるため幸いなことに浸水を免れた。

そして、今も続く長い漂流生活が始まった。息つく暇もなかったのだろう、筆まめな井戸川も一二～一四日は何も記していない。

事故直後の状態のまま残されている旧双葉町役場

井戸川の証言によると、一二日朝に福島県の指示を受けて、町民を引き連れ、西に約五〇キロ離れた福島県川俣町に避難した。だが放射能は追撃の手を緩めない。役場から持ち出した線量計の針が振り切れるのを見て、井戸川は一四日、さらに遠方への避難を決意する。次の避難先を相談するため、井戸川は自ら車を運転して福島県の災害対策本部が置かれていた福島県自治会館（福島市）へ向かった。そこで目にしたものは、普段はふんぞり返っているのに、いざ事が起きると右往左往するばかりで、役に立たない小役人たちの正体だった。

「国や県の職員たちが訳の分からない議論を続けている

ばかりで、被災地の首長が来たというのにまともに対応もできない。完全に機能不全になっていた。あそこで覚悟を決めた。もう俺がやるしかないと」
「箸の上げ下ろしまで決めてもらう」と揶揄されるほど、国や県の顔色をうかがうだけの首長を見慣れているせいか、一夜にして国や福島県を見限った井戸川の胆力に驚いた。自らの生きる道を自ら切り開いてきた井戸川だからできたのだろう。

三月一五日　川俣町長と会談。子供たちを外に転校させたい旨を話した。快く許してくれた。新たな避難先について。群馬県片品村に行くために——情報提供・舘野操子
〃　一六日　福島住民避難安全班佐藤さんより。片品村はダメになった。舘野さんより埼玉アリーナを紹介された。柏崎市長に埼玉アリーナの件で謝りながら断った。
〃　一九日　佐藤知事よりＴＥＬあり
〃　　　　　アリーナ着
〃　　　　　埼玉県知事上田さんと会う

福島市から川俣町に戻った井戸川は一五日朝、川俣町長に仁義を切ったうえで、さらに遠く

へ避難する方針を職員たちに伝えた。国や福島県があてにならないため、付いてきた約二〇〇〇人の町民の避難先を自力で探さなければならなかった。東京で情報誌の編集長をしていた知人に協力を仰ぐと共に、双葉町と同じく東京電力の原発があり、親しい関係だった新潟県柏崎市の市長に受け入れを打診した。最終的に知人の伝手で紹介されたさいたまスーパーアリーナ（さいたま市）に向かうことを決めた。

他の市町村と歩調を合わせず、双葉町単独で福島県を出ることに躊躇(ためら)いはなかったのだろうか。そう尋ねると、井戸川は事も無げに答えた。

「放射能から住民を離さなければいけない、だったら遠くのほうがいい。素直にそう考えただけ」

気になったのが福島県の反応だ。人口減少の懸念から双葉町が県外に避難するのを嫌がらなかったのだろうか。ところが井戸川によると、避難先となる埼玉県庁に連絡を取るなど、福島県は当初協力的だったという。しかし原子炉の状況がいくぶん落ち着いてくると、すぐに地金が露わになった。

三月二九日、佐藤雄平知事から井戸川にこんな電話が入った。

「長崎大から三人来て、安全安心の正しい知識を広めている」

それは「一〇〇ミリシーベルトまでは大丈夫」「ニコニコしている人には放射能は来ない」

と、県民に避難を思いとどまるよう講演して回った山下俊一教授たちを指していた。

分断される双葉

二〇一一年三月三〇日、さいたまスーパーアリーナから旧埼玉県立騎西高校（埼玉県加須市）に移った。井戸川はこの廃校に避難所と役場を設け、長い籠城戦の火蓋を切った。

旧騎西高校を定点観測したドキュメンタリー映画『フタバから遠く離れて』（船橋淳（ふなはしあつし）監督、二〇一二年）を見ると、避難者たちは教室の床の上に畳を敷いて生活スペースを作っている。一応の間仕切りはあるものの、プライバシーは皆無だ。この状態で長期の避難生活を送れるとはとても思えない。いつまでここにいるつもりだったのだろう。

「いつまでというイメージはなかった。菅（直人）総理が騎西高校に来た時、いつまでここに置くんですか？　ちゃんとしたところを準備してくださいと頼んだんです。ずっと籠城していたのは、私が頼んだことの実行を迫っていたからです」

井戸川の手帳を見ると、確かに四、五月は次の行き先に関する記述が多い。

四月　六日　リステル猪苗代××様
〃　一二日　森ビル〇〇様、町興しについて話す

〃　一四日　避難所へ　リステル猪苗代
〃　一七日　松下経産副大臣から電話　「本日午後三時　東電記者会見ある。放射線について六～九カ月後に放出が管理される見通しが可能になる。この時期に帰宅できるかどうか判断して知らせたい
〃　二二日　日本大学　△△△
五月　四日　菅総理来校
〃　七日　つくば市へ行く　（※伏字は人名）

「リステル猪苗代」は福島県猪苗代町にあるリゾートホテルで、福島県が双葉町民の避難先として提示してきた。「避難所に長く置いておけない」という理由だったが、井戸川は双葉町民を福島に引き戻す分断策と見ていた。

「二〇一一年の年末か一二年の始まりかな（※井戸川の手帳によると二〇一二年二月一〇日と思われる）、福島市内の料亭で（佐藤）知事と二人だけで夜に会食したことがあった。その時、『なあ、分かるべ？　俺の気持ち。県民を外に出したくないんだよ』と言われた。あの人は県民を被曝から守る意識がないの。県庁という組織を守ることしか考えていな

い」

双葉町を福島に引き戻そうと圧力を強める県に対抗するように、井戸川は「仮の町構想」を掲げた。大手デベロッパーや、都市計画の専門家にも協力を仰ぎ、放射能の影響がなくなって帰還できるようになるまでの長い間、双葉町の住民がまとまって暮らせる場所を設けたいと考えていた。

井戸川が「仮の町」の候補地に考えていたのは茨城県つくば市だった。

「避難が長引くのは分かっていたから、プレハブの仮設は止めてくれと内堀（雅雄）副知事に言った。収容能力が大きい国家公務員住宅（団地）がつくば市にあると知人から聞き、そこを使いたいと思った。そのまま入るだけで良かったから。福島県内にプレハブを建てるよりも合理的でしょ」

東日本大震災および原発事故の避難者には、地震、津波と原発事故という原因の違いに関係なく災害救助法に基づき「仮設住宅」が無償提供された。仮設住宅というと、被災地に建ち並ぶ長屋のようなプレハブが思い浮かぶが、これは自然災害で住宅が壊れた被災者が現地にとどまり、すぐ復旧作業にあたれるように建てられるものだ。

だが、原発避難は被曝を避けるため汚染された被災地から遠く離れることが目的なので、井戸川が言うように、プレハブの仮設住宅を現地に建てる必要はないし、そもそも汚染しているので建てられない。遠くへ避難することが目的なのだから、避難先のマンションや団地の空き部屋を借りれば事足りる。実際、避難先の自治体が空き部屋を借りて、「みなし仮設住宅」として避難者に無償提供している。

しかし福島県は、井戸川の主張を受け入れることなく、「コミュニティの維持」を名目に、福島市やいわき市など県内各地に双葉町民を対象とする仮設住宅を次々と建設していった。

ところで二〇一一年四月一七日に松下忠洋経産副大臣からかかってきた電話の内容が興味深い。六～九カ月後に帰宅のめどが立つかもしれないというのだ。松下氏は国民新党所属の国会議員で、避難自治体の首長たちとの折衝のため奔走していた。井戸川の人物評は好意的だ。

「ネズミのように動き回る人。『いるか？』って感じで電話をよこして夜中でもやってくる。気心が通じたところもあった」

松下氏から電話があった四月一七日の午後、東電は六カ月後を目安に放射線量の低減した状態（ステップⅡ）の達成を目指す方針を表明している。ステップⅡの達成とは野田佳彦首相が二〇一一年一二月一六日に発表した、冷温停止状態の達成、いわゆる「収束宣言」を指すのだろう。松下氏はこの翌年鬼籍に入っており、今となっては確かめようもないが、事故発生からわずか一カ月で避難指示の解除に向けた反転攻勢の青写真がすでにできあがっていたことになる。

残念なことに、井戸川はこの時の電話を憶えていないという。

「短期間で帰れるなんて思っていなかったから。ただ、どこかで言葉尻を捉えておこうと思って書き残したのかもしれない。国は結局、スケジュールありきで現場はどうでも良かったということでしょう」

除染と中間貯蔵施設

菅直人内閣は二〇一一年八月三〇日に総辞職した。除染で発生する汚染土を保管する「中間貯蔵施設」構想が菅内閣の置き土産となった。菅首相は総辞職の三日前に福島県庁を訪れ、中間貯蔵施設の県内受け入れを佐藤雄平知事に要請した。佐藤知事は記者団を前に「突然の話じゃないですか。困惑している」と反発したが、その手には「シナリオ」が書かれたメモが握られていたという。事故の被害に苦しむ県民の手前、易々(やすやす)と受け入れたように見せないための〝三文芝居〟だったようだ。

この時点ではまだ放射性物質汚染対処特別措置法（除染特措法）は全面施行されておらず、本格的な除染作業は始まっていない。そんな段階でも、中間貯蔵施設は福島第一原発周辺になるだろうと見られていた。汚染が激しく避難者が生きているうちに帰ることができないから、と決めつけられていたのだ。

大方の見立て通り、国(環境省)と福島県は施設の受け入れを前提に水面下の交渉を進めていた。そして〝候補地〟の首長である井戸川にも甘い誘いが忍び寄ってきた。事故が起きる前にも繰り返されていた「井戸川詣で」が再び始まった。

一〇月　二日　細野大臣、菅原局長、鷺坂審議官

〃　　七日　(内堀)副知事と松本副知事

〃　二三日　平野大臣来校

〃　二九日　除染に関する説明会　県庁第一委員会室

一二月二二日　環境省政務官

「中間貯蔵施設について　最終処分場をどこに造るかを同時に議論しなければならない」

「立地に中間貯蔵施設を置けという前に話をしなければならないことがたくさんある。私たちも子々孫々まで豊かな自然ときれいな環境を残す責任と権利を有していることを理解していただきたい」

細野豪志氏は当時、環境相兼原発事故担当相、同行の菅原郁郎氏は経済産業省の局長で、原子力被災者生活支援チームの事務局長補佐を兼任し、避難指示解除のミッションを担っていた。もう一人の鷺坂長美氏は環境省水・大気環境局長で除染を担当し、旧自治省時代の後輩である内堀雅雄副知事と水面下で交渉にあたっていた。この三人が揃って井戸川に接触する理由は、避難指示の早期解除を進めるため、中間貯蔵施設を受け入れさせること以外にあり得ない。ただし早期解除されるのは、双葉以外の市町村だった。

除染という事業について井戸川は一貫して否定的だ。

「とんでもない公共事業ができてしまった。単なる（汚染）場所の移動であって解決になっていない。あの頃さかんにテレビで見ました。目に付くところだけちょっと（土を）取って『除染した』という姿を見て、こんな事業はあり得ないと思った。土をひっくり返して、形だけやったふりをされるのが嫌だった」

除染は汚染した表土の剥ぎ取りを中心とする土木作業で、避難に比べれば被曝軽減の効果は低い。さらに政府はこの後、広大な山林を除染せず、手付かずのまま残す方針を決めた。本気で被曝の軽減を図るつもりなどなく、避難指示範囲を狭くとどめ、早期の避難指示解除を正当化するアリバイに過ぎなかった。

しかも、汚染が激しいためほぼ全域が帰還困難区域となる双葉町を、政府は本気で除染するつもりがなく、むしろ、他の市町村の除染で発生した汚染土の受け入れを求めていた。いわば福島復興の〝捨て石〟になるよう求めた。

環境省は二〇一一年一〇月二九日、候補地を明確にしないまま「仮置きから三年後に中間貯蔵施設の供用を開始し、三〇年以内に福島県外で最終処分する」というスケジュールを発表した。汚染土の山が仮置場に残るのを懸念して住民が除染を拒否することがないよう、中間貯蔵施設という搬出先があることを先回りでアピールしたのだ。政府にとっては「仮置きから三年後の供用開始」、つまり仮置場から中間貯蔵施設への搬出が本当に伝えたいことであって、「三〇年以内の福島県外での最終処分」は遠い未来に過ぎず、二の次でしかなかった。

会食の場で細野氏が発した軽薄な一言から、井戸川は除染と中間貯蔵施設が虚構だと確信した。

「細野が『私はまだ四〇歳で、あと三〇年経っても七〇歳だから、それまで議員をやってちゃんと見張って約束を守ります』って言ったんだよね。とんでもないことを言うやつだと思った。そんなの信用できるはずがないでしょ」

孤立無援

井戸川は頑強に抵抗を続けたが、次第に追い詰められていく。二〇一一年一二月一六日の「収束宣言」を境に、中間貯蔵施設、避難指示区域の再編、そして賠償指針と、原発事故の幕引きに向けた動きが加速していった。

〈二〇一二年〉

一月　二日　中間貯蔵施設　知事は他人事のように言う。知事の態度。三〇年後に復活すること

〃　八日　福島復興再生協議会

二月　七日　区域見直しのメリット、デメリットの比較表の報告を受ける。メリット＝①帰還の可能、不可能が明確になり将来を見通せる。②区域ごとの除染、インフラ、復旧が促進される。デメリット＝①一体性がなくなり、コミュニティの維持が困難となる。以上、あまりに困難すぎる

〃　一四日　平野大臣から電話。今まで個別に協議してきたが、なかなか進まない。一同の場で話し合いたい。区域の見直しと帰還はセットである。近いうちに一三市町村協議会を開く方向にした

〃一六日　平野大臣、岡本次長と話す。一三市町村協議会の開催断念。八町村会議とする。大臣は大変厳しい話をすることになると思う——どのような厳しい話なのか意味不明

〃一八日　中間貯蔵施設は全体協議で結論を出すことは困難だと判断できる。自町村が帰るため、復興するため放射能が不要とするのと、これによって帰れなくなる町が抱える課題はまったく違う。このため分断が進み、一つとは言えないことになってしまう。高濃度放射能地区の放射能除去は住民の生存権を奪うことを防ぐ最大の事業としなければならないのに、貯蔵するというのは「驚天動地」である。誰が責任者で、どう責任を果たすかを議論しないで、これ以上の話をすることはあり得ない

〃二〇日　平野大臣より電話。サイトは安心できない。第一は永遠に危険な状態であり続ける。放射能を閉じ込める状態にない。やがて住むことができない地域がはっきりしてくる。二六日に閣僚会議を開くので話をする。住むことができる場所ですかということを。明日、野田総理と会うので話をする。平野大臣は危険を拡大して中間処分場の設置をしやすくしようとしているのか、まだ判明しない。注意しながら付き合いたい

〃　二三日　埼玉県知事上田さんと会談。町が分かれたら引き受けをお願いした。県が町民のために家を建ててくれることを話された。職員も引き受けてくれることを頼んだ。埼玉県に復興交付金は可能か

避難指示区域の再編とは「収束宣言」を受け、「避難指示解除準備区域（年間二〇ミリシーベルト以下）」「居住制限区域（年間二〇〜五〇ミリシーベルト）」「帰還困難区域（年間五〇ミリシーベルト超で、五年後〈事故から六年後〉も二〇ミリシーベルトを下回らない）」――という三区域に線引きをやり直すもので、政府にとっては、放射線量の低い市町村から順々に避難指示を解除するための第一歩と言えた。

新たな線引きによって避難指示解除準備区域が多くを占める市町村は、除染が進めば早期の解除を見込めるため、中間貯蔵施設を受け入れるよう双葉町に求めた。一方、双葉町は中間貯蔵施設を受け入れれば将来的な帰還が絶望的になる。

「私たち双葉郡民を日本国民と思っていますか？　法の下に平等ですか？　憲法で守られていますか？」

二〇一二年一月八日に福島市内で開かれた福島復興再生協議会の冒頭、井戸川は野田佳彦首相にこうくってかかった。共同通信の配信記事によると、非公開の協議終了後、井戸川は「いろんな問題が解決されないのに一方的に話が進むのは納得できない」と取材に答えている。一方的に汚染土を押し付けられる双葉町民の犠牲の上に「福島復興」が進められようとしている差別を井戸川は告発したつもりだった。しかし国と福島県はこの時点ではまだ双葉町を中間貯蔵施設の建設予定地として公言していない。そのため、井戸川の発言は汚染土を押し付けられようとしている双葉町長の告発として伝わらず、被災地の一首長による漠然とした怒りで片付けられてしまった。

この日、井戸川は落城を覚悟した。双葉町を切り捨てようとする国と福島県の冷酷な真意を感じ取ったからだ。井戸川をさらに追い込んだのは、味方であるはずの双葉郡内の首長たちの裏切りだった。表向きは「双葉郡は一つ」と言いながら、密室の中では自分の町を早く復興するため中間貯蔵施設を受け入れるよう井戸川に求めた。

「それぞれの町はそれぞれの生き方を考えているわけです。まったく一つじゃない。逆に言うと、『双葉郡は一つ』というのは、一つじゃないことをカモフラージュする言葉であって、本当は違うと言っている言葉なんですよ。どんどん切り崩されて、みんな妥協していった。双葉郡としての城は最初から築けていませんでした」

足元の炎

孤立無援の井戸川を崖下へと突き落としたのは、彼が守ろうとした双葉町の町民や議員たちだった。福島県内に残った町民を中心に「双葉町だけ復興が遅れる」として、他の町と同じように福島県内に役場を戻し、原発賠償の中間指針を受け入れるよう井戸川に迫った。「自分の町」の復興を目指す双葉郡の他の町村と歩調を合わせるよう求めたのだ。しかし、他の町村と歩調を合わせることはすなわち、「福島復興」のため中間貯蔵施設を受け入れることに他ならない。それは双葉町の未来を諦めることと同義と言えた。

八月二七日　住民説明会
〃　二八日　いわき市長と双葉郡八町村長との意見交換会
九月一二日　議会全員協議会
〃　二一日　いわき市長、いわき市に挨拶。町は集中型で市長とかみ合っていない。いわき市民がバリアを張っては困る。市では既存の施設を利用してはどうかと言った
〃　二二日　ホテルハマツ　町外における生活拠点の検討のための協議
〃　二七日　いわき市副市長鈴木英司氏ら。役場機能移転の話。市長も了解していると

の話。植田地区の人たちの了解を得ることを進めることも了解してくれた

一〇月　五日　いわき市長と会談。植田地区への役場機能移転の申し入れ。双葉郡のどの町村も受け入れているので拒むことはできないと

〃　一九日　増子議員来校。中間貯蔵施設については拒んだ。理由をはっきりしてもらいたい。定義なきものを受け入れることはできない。細野と会ってほしいと言われたが断った

一一月　六日　園田環境副大臣から電話。中間貯蔵施設について話をしたいというが断った。作る理由あるのか。岡田副総理の発言「今回の事故は幸運だった」。原因者でもないのになぜ話をしなければいけないのか。東京に造れ

〃　一一日　内堀副知事。中間貯蔵施設の調査受け入れについて知事から話があるのでと切り出した。とんでもないことだと断った。原発がありながら双葉町は財政的には恵まれてこなかった。こんな背景で迷惑施設を受け入れられない。川内村長は平気で知事の決断をと言っているが、もしこの後言ったら、川内をよこせと言う。双葉郡に暗い町と明るい町で公平なはずがない。これで郡は一つと言うわけにいかない

〃　一二日　内堀雅雄副知事

〃　一九日　佐藤知事、菅野秘書から五回も着信
〃　二〇日　佐藤知事と対決「なんで双葉町なんだ?」「被ばくを放置している」と言うが答えず。知事の焦りは相当なもの。三〇年後の県外持ち出しについて、人形峠[*6]のことを言うと答えられない。放射能が濃いからと言って、除去して弁済せずにさらに放射能の貯蔵という美名の下に住めなくされることに断固反対する。県民のための県庁ではないと指摘したい。三・一一に戻してやり直さない限り、今の政権に話し合いを求めることは困難である
〃　二八日　県町村会役員会並びに福島県知事との懇談会
一二月　三日　佐藤雄平知事

井戸川は二〇一二年一〇月、町民や議員の圧力に屈する形で役場機能を福島県いわき市に移す意向を明らかにした。

「町民から県内に戻りたいという声があった。流れ、ムードを止めるのは私も難しかった。町民がまとまりきれなかったということ」と振り返った。賠償の中間指針と中間貯蔵施設の拒否に集中するための妥協だった。

二〇一二年一月に除染特措法が全面施行され、帰還困難区域を除く福島県内で本格的な除染作業が始まった。汚染土のフレコンバッグを運び込む中間貯蔵施設の受け入れを求める圧力はさらに強まっていく。

「当然お宅（双葉町）に持っていくしかないでしょうと言われるのは目に見えている。えらい迷惑ですよ。被害者をさらに被害者にしてしまうような話で、まったく正論がないんです」

中間貯蔵施設を巡る攻防戦のクライマックスは二〇一二年一一月二〇日、福島県東京事務所での佐藤雄平知事との一騎打ちだ。面談は非公開だった。

「話があるからちょっと来てくれないかって言うから東京事務所に行った。『福島の復興のために急ごう』って言うんだけど、『それなら双葉町の復興はどう考えればいいの？』って返したら黙っちゃった。あの人はね、用意してきた自分のセリフはしゃべるけど、それ以外はしゃべらない面白くない人なの。それで世間話を始めるものだから、限界だなと思って、『それなら知事の出身地（福島県下郷町）を私にくださいよ。双葉町に看板を塗り替えちゃうから』って言ったら、ひどい形相で私をにらんできた。（面談が）終わって部屋を発つ時、背中越しに『なあ、分かってくれよ』という知事の声が聞こえてきた」

そんな泣き落としで翻意できるはずもない。佐藤知事とのトップ交渉は決裂した。

井戸川の手帳を見ると、八日後の一一月二八日の欄に「福島県知事との懇談会」との記述がである。これは井戸川との一対一ではなく、他の町村長も交えて開かれる予定になっていた協議で、佐藤知事は一二月県議会に先立ち、現地調査の受け入れを表明するつもりだった。井戸川は知事の意図を察知して協議を欠席した。議論の土俵に上がってしまえば、受け入れを認めたことにされるからだ。実際に佐藤知事はこの日、現地調査の受け入れを表明している。「(調査は)建設と切り離して」と言っていたものの、水面下では双葉ありきで話が進んでいるのだから、詭弁と言うほかない。

一二月三日、佐藤知事が旧騎西高校を訪れている。事故発生から二年近くが経っていたが、これが初めての訪問だった。

「アリバイづくりですよ。一応は中間貯蔵施設の受け入れを説得しに来たっていう。知事は『分かっていると思うけど』って言っただけで、具体的なことは何一つ言わなかった」

落城

二〇一二年一二月に入ると、いよいよ本丸に火の手が上がった。双葉町議会は二〇日、井戸川が福島県知事との協議に欠席したことを理由に全会一致で町長不信任決議案を可決した。それでも井戸川は二六日に町議会を解散し、徹底抗戦の姿勢を示したが、明くる年の一月二三日、解散後の町議会議員選挙(二月三日)を待つことなく町長辞職を表明した。

映画監督・船橋淳の著書『フタバから遠く離れてⅡ』(岩波書店、二〇一四年)によると、井戸川は二〇一二年一二月二九日から翌年一月三日にかけて、自ら愛車プリウスを運転し、福島県内のいわき市、福島市、郡山市、白河市にある双葉町の仮設住宅のほか、多くの町民が避難していた茨城県つくば市などを行脚(あんぎゃ)している。

二〇一三年の元旦に訪れた郡山市内の仮設住宅では、町民から厳しい声で迎えられた。

「なんで議会と喧嘩するんだ?」

「国に文句あるんだったら、ちゃんと会議に出席して堂々と言ったらいいべ。そしたら、こっちもテレビで見て『町長、俺たちのために頑張ってくれっちゃる』と思うんだ」

「今まであんまりこっちに来なかったのに、不信任出されたからって来るのはおかしいでしょ」

それでも、怒りが収まるまで対話を続けようとする井戸川の誠意が通じ、集会が三時間を超えた頃にはようやく会場の空気も落ち着いてきた。

福島県内に残った町民の感情も一様ではなく、井戸川への好悪は場所や人によってまちまちだった。例えば、いわき市の仮設住宅では最後まで一方的に責め立てられたが、白河市の仮設住宅では五〇人ほどの町民が外に出て井戸川の到着を出迎える歓迎ぶりだったという。しかし、井戸川は町長の座を自ら降りることを決めた。

「疲れてしまった。（町長選に）打って出ろ、もう一回出てくれと言う支援者の人たちもいたんだけど、（町民たちの）本心が見えてしまった。純粋に町を守ろうとしているのではないというところが見えた。町民を愛する心があの正月前後で折れてしまった。年末年始休まずにずっと県内、県外回って歩いたんです。仮設（住宅）を回って懇談した。確かに、期待してくれる人もいたんだけど、町議会を解散しても同じ議員たちが当選するようではどうしょうもないなと思ってしまった」

当時の私は、明確に分かっていなかったが、インタビューの文字起こしを改めて読み返すと、闘おうとしない町民に対する失望が辞職の原因だったと理解できる。

当時の新聞を見ると、「また復興が遅れる」「なぜ仲良くできないのか」と、井戸川と町議たちの双方を批判する双葉町民の声が紹介されている。喧嘩両成敗、両論併記でバランスを取ったつもりなのだろう。しかし、よく考えてみると、ここで言う「復興」の進展とは、国と福島県が一方的に決めた賠償指針と中間貯蔵施設の受け入れに他ならない。井戸川が辞職すれば双葉町はどちらも受け入れ、「復興」が進むのだから、内輪もめによる「復興」の停滞を懸念するというのは的外れな話だ。理不尽な国策に一人立ち向かってきた井戸川の実像を正面から論じるだけの見識や覚悟がなく、矛盾が表面化しない程度にまとめただけの安易な報道と言うほかない。井戸川は町民にだけではなく、気概のないマスメディアにも失望していた。

「マスコミには結構しゃべったんだよ。でも、それは書かないんだよね。そもそも被曝の問題を取り上げてくれる新聞社って少ないからね。あなただっていつも大変でしょ」

第三章　捨て身の反撃

頓挫したインタビュー企画

三回目のインタビューは「美味しんぼ騒動」が起きた直後の二〇一四年五月九日に行われた。四月末に発売された『週刊ビッグコミックスピリッツ』（小学館）の人気漫画『美味しんぼ』福島の真実編に井戸川が登場し、鼻血が止まらない原因は事故の被曝にあると訴えると、「風評被害をまき散らすな」「福島復興を邪魔するな」とインターネット、マスメディア、国会議員まで国を挙げたバッシングが巻き起こった。『美味しんぼ』の原作者、雁屋哲（かりやてつ）氏の著書『美味しんぼ「鼻血問題」に答える』（遊幻舎、二〇一五年）によると、『週刊ビッグコミックスピリッツ』の編集部には電話が二〇回線あったが、朝一〇時から夜七時、時には一〇時近くまで「抗議」の電話が鳴り止まず、対応に追われて、編集作業に支障が出るほどだったという。

バッシングを煽（あお）るかのように、政府も菅義偉官房長官や根本匠復興相らが記者会見で漫画の内容を批判。さらに安倍晋三首相は五月一七日、福島県立医大を訪れ、「根拠のない風評に対しては国として対応する必要がある」と言い放った。会ってもいない他人の身体に起きている症状を「根拠のない風評」と切り捨てたのだ。

この三回目のインタビューの冒頭は今も鮮明に憶えている。井戸川はいつにも増してつっけんどんだった。国を挙げたバッシングを受けて疲弊しているのだろう、と当時は考えていた。だが今になって振り返れば、それは思い違いだった。井戸川は的外れなバッシングでへこたれるような人間ではない。

つっけんどんだった理由は私への失望だった。私自身も過去二回のインタビューで井戸川の核心に迫った手応えが感じられず、この企画を本として出版する意義を見失っていた。だが、今になってインタビューの内容を読み返すと、井戸川が本心を明かしていないのではなく、私が井戸川の言葉を咀嚼（そしゃく）できていなかっただけだと分かる。

井戸川は私への不満をにじませた。

「私の訴えたいことというのは、日野さんの頭の中と私の頭の中はまったく違いますから。私の場合は包括的ないろいろなことがあって、日野さんの感覚で書かれていますから、少しギャップがありますね」

言い訳になってしまうが、相手から指名されている時点で、このインタビューは私本来の取材スタイルとは大きく異なる。それに原発事故の被害とは広範かつ複雑なテーマだ。根源にある考え方が二人の間である程度一致していたとしても、それぞれの経験や知識はまるで違う。短時間のインタビューですり合わせられるはずがない。

井戸川の言葉をそのまま文字に起こして原稿にまとめるだけなら、私は適任と思えないし、井戸川もそんなことを期待していなかっただろう。それならば一体どうすればよいのか——。インタビュー本などという遠回しな形ではなく、井戸川自身で回顧録を執筆すればよいのにとさえ考え始めていた。

鬱屈している私を尻目に、井戸川は持論をまくし立てた。

「私と同じ経験をしているのは誰もいないわけです。みんな体力も条件も違う。鼻血が出ない人もいる。出続けているのは放射能の影響だと私は信じている。それをよその人から被曝の影響はあり得ないとか言われることはあり得ないわけです。それなら、あなたが証明しなさいよと引っ張り出せるんだから、しめしめというところです」

「今、日光から三猿（見ざる、言わざる、聞かざる）が福島県内に入って猛威を振るっている。安心だとか言っているやつらが風評被害の元凶です」

私はこの時、抗い抜くことなく自ら町長の座から降りた理由を改めて尋ねている。

——町長選に出馬しなかったのは、町民への失望もあったのでしょうか？

「町民に全部責任転嫁するわけにいかないんですすよ。私の立場というのは四面楚歌ですよね。その中で最善の策を講じていくには、ある程度秘密の部分も必要なんですよね。議会の中にもあっち側の人がいっぱいいいますから」

――町長選に出れば、役場をいわきから加須に戻すと主張せざるを得ないし、おそらく負けていましたよね？

「いや、やっぱり体力だよね。あの時本当に疲れていたから」

――今振り返ってどうですか？　出ればよかったと後悔はしていませんか？

「思っていない。だって決断した以上は通さないと。町長でなければできない仕事と、町長でないからできる仕事ってあるんですすよ」

今になってインタビューを読み返すと、最初の質問に対する井戸川の答えは「ＹＥＳ」だ。だが、元来の狷介な性格に加え、私への期待外れも相まって、井戸川はあえて分かりにくい答えを返しているようだった。私は当時、井戸川の真意を汲み取れず、どうしたらいいか分からなくなっていた。

井戸川はこんなことも言っている。今から思えば実に井戸川らしい発言だ。

「日本人の悪さっていうのは、誰かが石を池にポンと投げると、その議論になっちゃうんですよ。そっち向いちゃうんです、ほとんどが。ところが悪党はその反対を見て泥棒をする。みんなが（他を）見ている間にスリなんかが（財布を）抜くんですよ。国の悪党どもはスリの作用をしているんですね。スリの名人なら、みんなのところに行って、花火でも何でもボーンと上げますよね。すると何だ、何だって言っている間に、みんな隙だらけになるじゃないですか。だから今回我々が避難した後に泥棒に入った連中は頭がいいんです。相当やられましたね、みんな」

この発言に私は食いついていない。「日本人の悪さ」というアナクロな表現に加え、為政者を泥棒にたとえる露悪ぶりに拒絶反応を起こしたのかもしれない。だが、今となっては井戸川の指摘は的を射ていると思っている。

原発行政は嘘で塗り固めた偽りの土俵をでっち上げ、国民に無意味な議論を闘わせることで、問題の本質に目が向かないよう仕向けている。国民の側も進んで騙されている面があるのは否めない。騙されたほうが厳しい現実と向き合わずに済むからだ。

集団催眠にかけられたような状態にあって、井戸川のようにブレずに原理原則を訴え続けられる人間はごく稀だ。そんな人間が社会には不可欠と分かっていても煙たく感じてしまうのは、自らの弱さと向き合うことができない人間の性なのかもしれない。

結論から言うと、四回目のインタビューは実現しなかった。だが、このインタビュー企画の継続を巡って井戸川と衝突はおろか何か話をした記憶もない。お互いに意義を見失っていたのだと思う。

福島県知事選に立候補

二〇一四年九月二〇日、加須市のキャッスルきさいで「双葉町中間貯蔵施設合同対策協議会」の設立総会が開かれた。

その数日後、井戸川が福島県知事選に立候補を表明した。私は会社で見たテレビニュースで初めて知った。驚きのあまり座っていた椅子から転げ落ちそうになったのを憶えている。

井戸川は二〇一三年七月の参議院選に「みどりの風」の比例単独候補として立候補している（結果は落選）。「みどりの風」は民主党に所属していた谷岡郁子参議院議員が「脱原発」を旗頭に立ち上げた新党だった。井戸川も当選の見込みがないと分かっていた。それでも立候補した理由をこう語っていた。

「ほとんどの国会議員は（旧）騎西高校にやってきて、その場だけ『分かった、分かった。頑張ってな』って言って帰っていく。でも、谷岡さんは仲間を連れてきて悩みを聞いてくれた。エネ庁（経済産業省資源エネルギー庁）の職員も連れてきて、『早く何とかしなさい！』と言ってくれた。彼女は真剣にやってくれていた。だから逆に言うと国にとって邪魔者だった。そんな彼女から頼まれたのだから義理を果たさないといけない」

この時の落選もあり、井戸川が選挙に立つことはもうないものと私は勝手に思い込んでいた。だが今から振り返ると、福島県知事選への立候補は実に井戸川らしい闘い方であると理解できる。福島県は「福島復興」を大義名分に中間貯蔵施設を受け入れるよう井戸川を追い詰め、巧妙な分断工作で井戸川を町長の座から引きずり下ろした。そして事故の被曝とどう向き合うのか、責任をどう追及するのか——原発事故の被災者政策が唯一、最大の争点になる選挙は福島県知事選以外にはあり得ない。井戸川が原理原則を訴えるのにふさわしい舞台と言えた。

二期八年務めた佐藤雄平知事は中間貯蔵施設の受け入れを置き土産に退任を表明。これまでも県政を事実上取り仕切っていた内堀雅雄副知事が後任に名乗りを上げ、自民、民主、公明といった主要政党も相乗りで支援に乗り出した。対抗馬は岩手県宮古市の元市長で医師の熊坂義裕氏と目されていたが、熊坂氏も一部の国会議員が個人的に支援しているだけで、勝ち目があるわけではない。

孤立無援の井戸川はさらに厳しい。メディアから泡沫候補として扱われ、まともに主張が取り上げられない恐れさえあった。

私は当時、毎日新聞特別報道グループ（特報部）の所属で、福島県庁や復興庁の担当記者ではない。井戸川を取材するよう上司の指示を受けたわけでもない。インタビューも個人的に持ち込まれたもので、それさえ頓挫していたのだから、井戸川の選挙戦を取材する理由は何一つなかった。

そのうえ「美味しんぼ騒動」の影響はまだ色濃く、井戸川の背中には「取扱注意」と書かれた見えないシールが貼られたままだった。そんな井戸川の選挙戦を報じる企画を会社に出したところで、選挙の中立を表向きの理由にして嫌がられるのは目に見えている。マスメディアが炎上のリスクしかない人物をわざわざ好意的に取り上げるはずがないからだ。

だが、なぜか私はたとえ自腹を切ってでも井戸川の選挙戦を見届けなければならないと思い詰めていた。当時はそこまで明確に言語化できていたわけではないけれど、選挙戦を通して井戸川と双葉町民の交わりを見る中で、井戸川が闘い続ける理由が分かる気がしていたのかもしれない。

二〇一四年一〇月二日、福島県文化センター（福島市）で立候補予定者による公開討論会が開催された。討論会の冒頭、出席した六人の立候補予定者全員に発言の機会が与えられた。井戸川の発言は当選を目指しているとは思えないものだった。

「私は双葉町の町長をしていました。原発との共生は間違いでした。この場を借りておわびしたい。騙された結果失った物的・精神的な被害は計り知れない」

　質疑応答に入ると、これまでも福島県政を取り仕切ってきた内堀氏に他の立候補予定者から質問が集中した。内堀氏はいつも冷静沈着で、記者会見で厳しい質問を浴びても、表情一つ変えずに受け流し、言質（げんち）を取らせない技術を持っている。だが官僚にとって有用なこの技術は冷たい印象を有権者に与え、選挙戦において不利に働きやすい。内堀氏はそれを自覚していたに違いない。この討論会では珍しく色をなして反論する場面が見られた。

「私は感情の起伏が激しい。陰ではしっかりやってきた。収束宣言の時も、山林除染はやらないと言われた時も当時の大臣と大喧嘩した。国では『タフネゴシエーター』で通っている。知事になったら表で申し上げる」

　井戸川は自らの主張を明確にして、正面から内堀氏に論戦を挑んだ。

井戸川「県民は本当に安全なのか不安を抱いています。風評被害の払拭は言葉だけではだめだ。内堀さんにお聞きしたい。放射能のある状況で観光を進めるのですか?」
内堀「井戸川さんとは立場が異なる。避難指示区域以外は安全に住めると思ってます。除染を進めるのは当然です」
井戸川「内堀さんは『子供は宝』と言ったが、福島県の子供を虐待してはならない。県内に住めという人権無視を止めて、県外避難者を大事にしなければならない。福島県で一番大事なのは放射能とどう向き合うかではないでしょうか?」
内堀「厳しい状況が続いていましたが、プールや運動場も使えるようになった。そうした環境づくりが大人の責務です」

被害の現実から目を背けて今後も国策と共に歩み続けるのか、現実と向き合い国策の責任を追及するのか——二人の考え方の違いがくっきりと見て取れた。

「井戸川さんが正しいのは分かっている」

二〇一四年一〇月九日、福島県知事選が告示された。井戸川が第一声の場所に選んだのは、福島市北部の国道沿いにある仮設住宅だった。福島県内での仮設住宅の建設を拒否する井戸川の意向を無視して福島県が建設したものだ。ここには多くの双葉町民が暮らしていた。開始予定一時間前の午前九時に到着すると、駐車場の奥にある仮設住宅の正面に高さ五〇センチほどの演壇がすでに据え付けられ、二〇人ほどの高齢者が井戸川の到着を待ち構えていた。まだ一〇月上旬だというのに北風が冷たい。ジャケットの上からウィンドブレーカーを重ね着しても、心なしか物足りなかったのを憶えている。

少し離れた一角には、新聞各紙の記者やテレビカメラが陣取っていた。ということは福島の地元メディアも井戸川の第一声を報じる予定があるのだろう。公開討論会での奮闘が効いたのかもしれない。井戸川が泡沫ではなく主要な候補として扱われるのを知り、なぜだか安堵した。

数分後、井戸川が自らキャリーバッグを引いて現れた。報道陣が集まる一角に近づいてきて、自分の首のあたりを指差して「喉が痛いんだよ。ずっとこの辺が悪くてね」とぼやいた。「美味しんぼ騒動」を引き合いにした憎まれ口だと思ったのだろう、報道陣から何の反応も起きなかった。

福島県内に残っていた双葉町民から歓迎を受け、井戸川も少しほっとしたようだ。珍しく殊勝な言葉を口にした。

「複雑な思いがあったよ。もしかして塩でもまかれるんじゃないかと不安だった。でも、ここの仮設は好意的だからね。美味しんぼ問題の時も『言ってくれてありがとう』という声が多かったんだ」

だが、報道陣から知事選に立候補した理由を改めて問われると、一瞬にして表情が変わり、いつもの強気な井戸川に戻った。

「被曝のことを言っても新聞やテレビはどこも書かない。知事選だから言えることもあるし、言えば報道せざるを得なくなる。政治プロセスに一切参加させないで、善良な人々に一方的に押し付けてばかりじゃないか。やったことの責任を取れと言いたいんだよ」

井戸川は自らの名前が書かれた襷（たすき）を肩から斜め掛けにして演壇に上り、白手袋にマイクを持って高らかに第一声を上げた。普段の井戸川の声は少し甲高く、話し方も抑揚が乏しいため、選挙で演説する姿を想像できないでいた。この時初めて選挙演説を聞き、井戸川が確かに政治家をしてきたことを実感した。演説の中身はいつも聞いていることばかりなのに、井戸川の口から発せられた言葉の一つひとつが私の心を揺さぶった。

「この事故は過酷だ。分断されてコミュニティはすべて壊された。事故は終わったかのように言われているが、まだ終わっていない。いつもきれいごとばかり言って、被害者を除け者にして決めてきた。声なき声をいいことに県民不在で何でも決めてきた。声なき声を無視して幕引きしようとするのは間違っている。被曝は『風評被害』で片付く問題ではない」

第一声を終えると、井戸川は支援者が運転する車に乗り込み、南に約一二〇キロ離れた福島県いわき市へ向かった。

東北自動車道を経由して、二時間半ほどでいわき市内の仮設住宅に着いた。ここも双葉町民を対象にした仮設住宅だ。この約二年前、町議会から辞任を迫られた井戸川は自ら車を運転して福島県内各地の仮設住宅を回った。先の見えない避難生活の不満をぶつけられ、まともに話し合いができないまま離れた仮設住宅もあった。いわき市内のこの仮設住宅は、井戸川にとってそんな苦い思い出が残る場所だった。

第一声を上げた福島市内の仮設住宅とは違い、井戸川を出迎える者は誰もいない。井戸川はだだっ広い駐車場に降り立ち、姿の見えない町民に向かって声を張り上げた。

「皆さんが私に複雑な思いを持っていることも分かっている。だが中間貯蔵施設ができたら双葉町はどうなるのか？　どこで復興するのか？　権利を踏みにじられて、押し付けられた。これで納得するほうがおかしい。『仮の町』を要求したけど議題にすらならない。

昔、足尾銅山によって壊された村があった。（中間貯蔵施設ができると）それと同じことになる。なんでそんなもので双葉町を壊されなければいけないのか。元通りに戻せと叫びましょう」

この時初めて井戸川の口から「足尾」という言葉を聞いた気がする。今から一〇〇年以上も前に起きた日本最初の公害「足尾鉱毒事件」で、明治政府は鉱毒の汚染対策を洪水対策にすり替え、鉱毒を治めたように装うため谷中村を遊水地の底に沈めた。放射能汚染土を運び込む中間貯蔵施設を押し付けられた双葉町は谷中村と同じだと私はこの時気がついた。

駐車場の向こうにある建物に目を凝らすと、八〇歳は超えているであろう高齢の女性が車いすに乗り、窓ガラス越しにじっと井戸川を見つめていた。もしかしたら周囲の目を慮(おもんぱか)って外に出られないのかもしれない。

一人ぽつんと演説する井戸川を遠巻きに撮影していると、私の後ろに大きな犬を連れた年配の男性が立っているのに気づいた。もしかして犬の散歩にかこつけて井戸川の演説を聞きに来たのかもしれない。思い切って声をかけた。

男性は双葉町郡山地区の出身で年齢も近く、子供の頃から井戸川をよく知っているという。

はっきりとは言わなかったが、内心は井戸川を支持しているのだろう。慎重に言葉を選びながら話す姿が印象的だった。

「中間貯蔵施設なんて、いつも通り一方的な話だよね。人の要らないものは私たちも要らないんだから。三年経って言うんじゃなくて、まず先にこういう町づくりをするって言うのが本来の筋だよね。『仮の町』くらいは作ってほしかったけど、そんな話は全部消し飛んで『復興』という言葉だけが残っている。我々を諦めさせようとしているとしか思えないんだよ。あまりに国民を馬鹿にしてねえか。井戸川さんが言っていることが正しいことは分かってっけど……でも、まあ昔から折り合いがつかん人だよね。筋が通っているんだけど、かわいくない人でねえ、一緒に酒を飲んでも話を聞かない人なんだよ」

褒めているのか、貶(けな)しているのか分からない口ぶりだったが、幼馴染だけあって井戸川克隆という人間をよく知っていると思った。

この日の夕方、内堀氏の街頭演説を聞くためいわき駅前に向かった。開始一時間前に現場に着くと、歩道橋の下にはすでに二〇〇人ほどの聴衆が集まっていた。スーツ姿の男ばかりだ。どうやら周辺自治体の地方議員や地元企業の社員たちのようだった。

地元の記者やカメラマンたちに混じり、内堀氏の登場を待っていると、横から「来たー！」

という、若い男性の叫び声が聞こえた。彼が指さす方向を見ると、一台の選挙カーがこちらに向かってきた。だがそれは彼らが待っていた内堀氏の選挙カーではなく、井戸川の選挙カーだった。井戸川の選挙カーはスーツ姿の男たちが集まる駅前を素通りして走り去った。すると、先ほどの男性が「俺たちが応援していると勘違いして来たんじゃねーの、あははは」と大声で嘲った。彼の顔には見覚えがあった。井戸川に不信任を突きつけた双葉町議の一人だ。町民の深い分断を目の当たりにして、なんともやりきれない気持ちになった。

歩道に立つ聴衆はさらに増えていった。最終的には五〇〇人ほどになっただろうか。地元選出の国会議員たちが次々と選挙カーに上り、内堀氏の功績を褒めたたえた。その中には井戸川がかつて信頼を寄せていた国会議員もいた。そしていよいよ内堀氏が登壇した。内堀氏が訴えたのは、かつてない放射能汚染を引き起こした国策への怒りでも、故郷を追われた県民の救済でもなく、被災地の復興だった。

「どうしても初日に浜通り（福島県の太平洋岸地域）に来たかった。理由は一つ。福島県知事が今やらないといけないのは浜通りの再生です。帰還困難区域は時間が止まったまま、いや後退している。時計を止めずにもっと前に進めていきたい」

内堀氏は終盤、歩道を埋め尽くす聴衆にこんなことを呼びかけた。

「私は親しみやすい人間です。役職ではなく『ウッチー』と呼んでほしい。私が『せーの』と言ったら、『ウッチー』と返してほしい」

自身の冷たいイメージを払拭する狙いなのだろう。聴衆たちは最初、恐る恐る「ウッチー」と小さな声で返していたが、内堀氏が何度も「せーの」と煽るうちに、聴衆たちが「ウッチー」と叫ぶ声のボリュームも上がっていった。


演説を終えた内堀氏は選挙カーから降り、テレビクルーが持つまばゆいライトに照らされながら、歩道にひしめく聴衆の一人ひとりと握手を交わしていった。しばらくすると、報道陣が集まる一角にやってきた。握手を交わしながら親し気に話しているのは、地元の記者たちなのだろう。内堀氏が左隣に立つ男性記者と握手したのを見て、私も何気なく手を差し出すと、ほんの一瞬だけ目が合った。すると内堀氏は私の手を握らずに素通りし、右隣にいた記者の手を握った。不思議と嫌な気持ちにはならなかった。「こいつとは握手したくない」と思わせたのなら、調査報道記者として光栄だった。

しばらくして、たまたま双葉町の伊澤史朗町長と隣り合わせた。ちょうど良い機会だと思い、井戸川のことをどう考えているのか尋ねてみた。予想通りの答えだった。

「それはもういいでしょう。何も言わないようにしているんです」

一〇月二六日夜、福島市内の雑居ビルの一室に構えた選挙事務所で井戸川と共にテレビの開票速報を見守った。駆けつけた地元紙やテレビ局の記者は七、八人ほど。告示日より少なかったが、落選は間違いないのだから仕方ない。開票が始まると同時に、テレビ画面に「内堀氏が当選確実」の速報テロップが流れた。

井戸川は明らかに疲れていた。目は充血して真っ赤だ。ますます痩せ細ったようで、着ているスーツはぶかぶかだ。

それでも井戸川の口から出てきたのは、「私の力不足です」「応援いただいたのに申し訳ありません」といった、お決まりの「落選の弁」ではなかった。

「正しい情報が知らされていない。賠償金で家を買えたからそれで十分なんてはずがない。被害者のままでいたくないという心理が利用されている面があるよ。こんなに騙されやすい国民はいないよね」

たった一人の提訴

二〇一五年四月、井戸川のインタビュー本『なぜわたしは町民を埼玉に避難させたのか』

(駒草出版)が出版された。もちろん、私が書いたものではない。

今も私の手元に残る一冊には「著者謹呈」と印字されたしおりがはさまっている。おそらく井戸川から贈られてきたのだろう。三回のインタビューは無駄になったが、井戸川に憤りを覚えた記憶はない。むしろ井戸川が見切りをつけてくれたことに感謝の念さえ抱いていた。

しかし、この本を読んでがっかりした。表紙に「証言者　前双葉町町長 井戸川克隆」とある通り、井戸川が口にしたことをそのまま文字に起こしただけの内容だったからだ。あの未曾有の混乱の中で地元の町長として県外避難を決断した井戸川の証言はそのままでも出版する価値はあると思うが、それでは井戸川が本当に伝えたいことは届かない気がした。

二〇一五年五月二〇日、井戸川は国と東電を相手取り損害賠償訴訟を東京地裁に起こした。原告は井戸川ただ一人。すでに全国各地で起こされていた避難者の集団訴訟には加わらなかった。

提訴の直後、東京・霞が関の弁護士会館で記者会見が開かれた。私の手元に記者会見の写真(デジタル画像)が残っているので、私もおそらく出席していたはずだが、まったく記憶にない。当時の取材ノートも読み返してみたが、一行も記述がなかった。

写真を見ると、中央に座る井戸川の左に弁護団長に就いた宇都宮健児弁護士（元日本弁護士連合会会長）、右に事務局長の猪股正弁護士が座っている。宇都宮弁護士と猪股弁護士はいずれもサラ金やヤミ金など消費者問題の専門家として知られる。著名な二人のほか、貧困や災害、公害といった社会問題で活動する多くの弁護士たちが弁護団に加わっていた。

インタビュー本を出版し、大弁護団を結成して提訴にこぎつけたのだから、これ以上井戸川を追い続ける必要はないと私は考えた。それから二年ほど、井戸川とはほとんど顔を合わせず、連絡も取っていなかったと思う。だから、まさか井戸川が「ちゃぶ台返し」をしているとは思いもよらなかった。

東京地裁へ提訴後の記者会見。左から宇都宮健児弁護士、井戸川、猪股正弁護士

弁護団全員を「解任」

井戸川は提訴から一年も経たないうちに弁護団全員を「解任」していた。かぎ括弧を付けたのは、厳密に言うと、実際に解任したのは事務局長の猪股弁護士だけで、他の弁護士は「（井戸川には）もう付いていけない」と自ら辞任

したからだ。

この話を聞いた時、福島県知事選の告示日にいわき市内の仮設住宅で、井戸川を「昔から折り合いがつかん人」と評した幼馴染の男性を思い出した。

後々になって、井戸川に「解任」の理由を尋ねたことがある。

「彼らは裁判を運動としか思っていなかった。提訴する前から我慢してたんだよ。訴状だって、こんなのどっから持ってきたんだっていう、他の裁判のコピペ（コピー・アンド・ペースト）。余った時間に俺の問題を話し合っていたみたいで、ろくに俺にヒアリングしないで書面を書いていたんだよ。だけど、訴訟を起こさないといけないと思っていたから見切り発車で（裁判を）始めてしまったんだ」

この説明だと、「提訴を急いでいたのだから訴状がコピペでも仕方ない」と思われてしまうかもしれない。こうした言葉足らずで誤解を招くことが井戸川にはよくある。実際は訴訟の根幹に関わる路線対立が物別れの原因だった。

「井戸川裁判（福島被ばく訴訟）を支える会」のホームページには、井戸川と弁護団がこれまでに裁判所に提出した書面や、口頭弁論終了後の報告集会を撮影した動画がほぼすべてアップされている。

二〇一六年四月二〇日の緊急報告集会の動画を見ると、井戸川が弁護団「解任」の理由を支援者にこう説明している。

「（私は）行政の長として果たし得なかった義務を訴状に示せなかった。弁護士の一人から『訴状は準備書面でいくらでも修正が利く』って言われたんだけど、その弁護士が作った準備書面は私から聞き取りをしたものではなかった」

つまり、井戸川は双葉町長としての自らの経験を証拠にして、自分にしかできない裁判をしたかったのに、弁護団から意思を汲み取ってもらえなかったというのだ。

二〇二二年一〇月、私もパネラーとして参加した東京都内のシンポジウムでたまたま猪股弁護士の姿を見つけ、思い切って声をかけた。双方の言い分を聞かなければいけないと思ったのだ。

――解任の理由は何だったのでしょうか？

「信頼関係を築けませんでした。井戸川さんは町長だったので、自分で全部目を通して一つひとつ自分でハンコをついていかないと納得しないタイプでした。町長時代に国とやり取りした資料を数多くお持ちで、『この資料を使って、こういう点を訴えたい』と強調していたところがありました、それは否定しなかったのですが……」

──被災者としてではなく、双葉町長として訴えたいということだったのではないですか？

「井戸川さん一人でやるんじゃなくて、もっと双葉町の人々に参加してもらってやりましょうと相談していたんですが、なかなかそこの方針が……。書面は（提出の）期限もあるのでうまくいかなくて、（弁護士は）みんなボランティアで頑張ったんですが、次第に抜ける人も出てきました」

──各地で行われている避難者の集団訴訟と同じようにしたいと考えていたということですか？

「住民を連れて集団で避難されてきて、あの状況でよくやられたなと感銘は受けていたんです。なるべく井戸川さんを先頭に立てて、双葉町の住民たちを糾合して力のある裁判になればと考えていました。弁護団の中には他の避難者訴訟のメンバーもいたので、その経験も踏まえて、井戸川さんがいるからこそできる裁判を目指したかったんですけどね」

「双葉の長」としてこの事故の被害を余すことなく法廷で訴えたい井戸川と、すでに各地で進んでいた避難者訴訟のフォーマットに沿って、原告団の結成を目指していた弁護士たち。物別れは必然だった。

新たな同志

井戸川の代理人を引き継いだのは、古川元晴弁護士（東京弁護士会）だった。古川氏は一九四一年生まれで、検事任官後は法務省刑事局総務課長や内閣法制局参事官などを歴任し、京都地検検事正も務めた。退官後一〇年ほど公証人をした後、二〇一一年に東京郊外で弁護士として開業した。

厳しい取り調べで容疑者を追い詰める強面の検事というより、白衣が似合う研究者のような風貌で、飄々とした語り口が印象的だ。貧困や労働、公害や原発など社会問題に取り組んできた弁護士たちが中心の避難者訴訟では異色の存在と言えた。

古川弁護士は二〇一五年二月、刑法学者の船山泰範氏（弁護士・日本大学元教授）との共著『福島原発、裁かれないでいいのか』（朝日新書）を出版している。刑事法理論の観点から、東電幹部たちの刑事責任を問えると主張し、彼らを不起訴とした古巣（検察庁）の判断に真っ向から異を唱えた。[*7]

井戸川は二〇一六年一月、東京都内で開かれていた古川弁護士の講演会を訪れ、〝飛び込み営業〃さながらに代理人就任を頼み込んだ。古川弁護士の著書を読み、古巣に反旗を翻してでも自説を貫く気概に目を付けたのだろう。そして井戸川は持ち前の突破力を発揮し、ついに古川弁護士を説き伏せた。古川弁護士は自ら訴訟代理人を引き受けるだけではなく、弟の史高弁護士ら七人の弁護士を引き入れ、新たな弁護団を結成した。

井戸川と新たな弁護団が立てた主張の特徴は、この原発事故の被害を幅広く捉えている点にある。鼻血など被曝による健康障害や更なる発症の懸念、長期にわたる避難を強いられたことによる生活の破壊だけではなく、父祖伝来の地域共同体を消滅させられ、現在・過去・未来の人生のすべてを奪い取られた「人生破壊」を損害として主張している。これは国が事故後に策定した賠償の指針や、全国各地で進んでいた避難者の集団訴訟にはない考え方だった。井戸川は「集団訴訟じゃなく一人裁判というのはそこに力があるんだ」と強調する。集団訴訟では原告全員が理解できる範囲に被害を限定せざるを得なくなると言いたいのだろう。

準備書面にこんな記述があった。井戸川の主張を端的に表していると思うので、少々長いが紹介したい。

町長（町災害対策本部長）としての職務が、被告らに裏切られ、騙されたことにより適切に執行できなかった（職務執行妨害された）ことによってもたらされた本件事故による

「人生破壊」に伴う極度の疲労、苦しみ、怒りは終生にわたるものである。しかも、被告らは、本件事故に関する責任を全面的に否定しているため、原告は、裁判により本件事故全体の真実と被告らの責任を解明しなければ、原子力行政の末端の長としての町長在任中の職務不履行の汚名を払拭できず、新たな人生を開始することができない状況に置かれている。つまり、原告は、その人生を破壊されたままの状況にとどめられている上に、裁判対策等に多大な時間、労力、費用等の消耗を強いられることとなっている。到底受け入れることができないのであって、これは「人生破壊」を拡大、深刻化させる重ね重ねの加害行為である。

なぜ井戸川の代理人を引き受けたのか――古川弁護士に尋ねたことがある。

「まあ、私も本を書いているしね。井戸川さんはそれを読んで（代理人を）引き受けてほしいと来たわけなので、私がやらざるを得ないだろうと思った。放っておけないと思った。これだけ頑張っている人はいないしね。私としても専従的にやれる立場にいたから。ビジネスとしてやっている弁護士だったらやれないですよ」

提訴からすでに八年が経つというのに、いまだ一審判決にさえ至っていない。井戸川と古川弁護士の年齢を思うと不思議でならないが、それなのに二人に焦りの色はない。なぜそんなに落ち着いていられるのか――そう尋ねると、古川弁護士は苦笑いしながら答えた。

「最初はこんなに長くなるとは思っていなかった。でも急げないんですよ。急ぎようがない。闇のままにしてしまうと水掛け論にされて向こうが勝ってしまう。だから正しい証拠を集めて追い詰めていかないとだめなんです。こういう大事件だと余計にそういうところがある。まあ私なりの使命感を持ってやってます。体力勝負ですよ」

そんな二人の姿を見ながらふと考えた。二〇一三年に井戸川から私に持ち込まれたインタビュー企画のことだ。もしかして井戸川はあの時、自らの言葉を本にしたかっただけではなく、この事故の理不尽に立ち向かう同志に私を加えたかったのではないかと。

反原発運動と距離を置き、双葉の民さえ後に続かない井戸川の闘いは孤独なものと思い込んでいた。でも、それは間違っているのかもしれない。

第四章　平成の辛酸

双葉へ同行取材

二〇一九年三月三日、法事と墓参のため双葉に入る井戸川夫妻に同行することになった。私は当時東京都内に住んでいた。始発電車に乗っても井戸川から指定された午前六時半の集合には間に合わないため前日夜から加須に入り、駅前のビジネスホテルに投宿した。

まだ夜が明けきらぬ午前六時過ぎにホテルを出て、北へ延びる商店街を五分ほど歩いて井戸川の砦に着くと、ハザードランプがついたプリウスがすでに停まっていた。運転席に女性が座っている。井戸川の妻・三喜子さんだ。まもなく井戸川も砦の中から姿を現し、予定より少し早く出発した。車のトランクには大量の白菜が積まれていた。三喜子さんが加須の畑で収穫したもので、集まった親戚に配るのだという。

最寄りのインターチェンジから東北自動車道に入り、北へ向かった。三〇分ほどして栃木都賀ジャンクションで北関東自動車道に移り、針路を東へ変えた。はっきりと憶えていないが、この辺りで夜が明けきった。一時間ほど北関東道を走り、友部ジャンクションで常磐自動車道に乗り換えると、再び北上した。時折右側に太平洋の水平線を望みながらの三時間を超えるロングドライブだった。

取材に配慮してくれたのだろう、往路は三喜子さんが車を運転してくれた。私と井戸川は後部座席に座り、五年前に中断したインタビューの続きを始めた。

——国が進めている特定復興再生拠点区域の計画をどう思いますか？　町を存続させるだけが目的なのでは？

「あるかもね。『町を壊した』って言われないためにやっているんじゃない？　短時間で見るとやっているように見えるけど、一〇〇年単位とかで見たら失敗ってなるんじゃない？」

——中間貯蔵施設は公共事業という体裁だから、将来は汚染土以外も持ち込める余地があるんじゃないんですか？

「可能性はあるわね。あそこに入れてまた出す手間を考えたら、中間じゃなくて、廃炉のための緩衝地帯でしょ。永久に使い続けることができるわけだからね。事故直後のシナリオでは、環境会社が三〇〇年管理して、あとは国に返すことになっていた。ちっちゃく三〇〇年って書いてあった。マル一つ取れば三〇年だからね」

——騙されたふりをして流されたほうが楽だったとは思いませんか？

「それはないな。性格的に嫌だから。騙されないように努力しているもの」

インタビュー企画が頓挫してすでに五年が経っていたが、井戸川の発する言葉にはまったくブレがなかった。すべての言動が確固たる規範に沿ってなされているのだろう。

本書の原稿を書くにあたり、この取材の文字起こしを読み返してみると、井戸川が双中協の家臣たちについて愚痴をこぼしていることに気がついた。

「最近も町民の勉強会やったんだけど、『役に立った？』と聞いても答えがない。『答えが聞きたい？』って聞いたら、『うん』って言うんだよ。でも、みんなが自分で気づいてくれることを願ってやっているから、俺が答えを出すことは期待外れなんだよね」

「俺が答えを出すことは期待外れ」というのは、井戸川が結論や指示を言ってしまったら、家臣たちが自ら探求してこの原発事故について理解する機会を奪ってしまい、勉強会をする意味がなくなってしまうと言いたいのだろう。

井戸川夫妻は午前中、双葉町の北隣にある浪江町の海岸に近い仏堂で法事を執り行った。私は一〇〇メートルほど離れた公園のベンチに座り、法事が終わるのを待った。喪服を着て集まった親戚は一〇人ほど。全員が夫妻とほぼ同年代の高齢者だ。三〇分ほどすると、一同が仏堂から出てきて、隣の駐車場へ歩いていった。三喜子さんはプリウスのトランクを開け、ビニールの紐で縛った大きな白菜を取り出し、一つひとつ親戚たちに手渡していった。

再びプリウスに乗り、福島県の太平洋岸地域、通称・浜通りを南北に貫く国道六号線を一〇分ほど南下して双葉町に入ると、左側に錆で赤っぽくなった鉄のフェンスが見えてきた。この向こう側が帰還困難区域、そして中間貯蔵施設の用地内だ。井戸川は交差点で左折し、初老の男性警備員が立つゲートの前でいったん車を停めた。運転席の窓を開けて、運転免許証をちらりと示すと、すぐにまた車を発進させた。

井戸川の免許証に書かれている住所は双葉のままだった。双中協のメンバーたちも避難先に住民登録を移していない。カルト宗教の信者や暴力団の組員だったら八年間も居住実態がないとなれば警察に逮捕されかねない――冗談めかしてそう話すと、井戸川は「国にとって法の運用なんていいかげんなもんだよ。おかげで免許の更新は福島の免許センターまで行ったんだよ」と笑いながら答えた。よく考えてみれば、国の指示を受けて避難しているのだから逮捕されるはずがない。原発避難の特異性はこんなところにも表れている。

井戸川の自宅がある双葉町郡山地区は福島第一原発から北に約三キロの場所にある。国の線引きでは、事故から六年が経っても避難指示の解除基準である年間二〇ミリシーベルトを下回らない帰還困難区域に含まれると同時に、福島県内の除染作業で発生した汚染土を運び込む中間貯蔵施設の「用地」になっている。中間貯蔵施設に運び込まれた汚染土は最長三〇年間保管され、まだ決まっていない福島県外のどこかで最終処分する「約束」になっている。「用地」と「約束」に、かぎ括弧を付けたのは現実味(リアリティ)がまるでないからだ。

福島第一原発を三方から囲んで線引きされた中間貯蔵施設「用地」の面積は約一六〇〇ヘクタール。環境省は二〇一一年一〇月に中間貯蔵施設に必要な面積を「三〇〇〇～五〇〇〇ヘクタール」と発表している。だから三～五倍も広く線引きしていることになる。

一六〇〇ヘクタールのうち双葉町に含まれるのは約五〇〇ヘクタールで、双葉町全域の約一割を占める。「用地」内を車で走ると、雑草が伸びきって放置された田畑がほとんどで、汚染土の詰まったフレコンバッグを積み上げて仮置き場として使っているスペースはごくわずかに見えた。福島県内の各地に積み上げられていた汚染土のフレコンバッグをとにかく早く運び込むため、余裕をもって線引きしたことがうかがえた。

井戸川のところにも環境省の担当者が来たのだろうか——そう尋ねると、井戸川は「なぜか俺のところには来ないねえ。国と裁判やっているし、売ってもらえるとは思ってないんじゃないの」と笑った。それもあるだろうが、余裕をもって広く線引きしているので無理して井戸川の土地を買い取る必要がないのだ。

中間貯蔵施設は、その目的、根拠法、施設の運用に至るまで、すべてが特異な公共事業だ。空港や基地、ダムなど広大な土地を必要とする公共事業は通常、予定地全域をあらかじめ確保してから着工する。しかし中間貯蔵施設は、まずは予定地全域を確保するのではなく、確保できた土地から先に汚染土を運び込み、焼却施設など設備の建設を始めた。誰も住めない帰還困難区域内であるのを良いことに、全域を確保しないまま工事を進めている。

汚染土の詰まったフレコンバッグが住民の目から見えなくなった時点で中間貯蔵施設はその役割を果たしたことになる。不可視化できた汚染土を福島県外のまだ決まっていないどこかに再び移して最終処分しなければならない理由はない。

高台から望む中間貯蔵施設。奥には東京電力福島第一原発が見える

「用地」内を東へ進むと、高いコンクリート擁壁が正面に迫ってきた。擁壁の内側では焼却施設や灰処理施設の工事が進んでいる。

「ちょっと見せたいものがある」。井戸川はそう言って車を停めて外に出た。「羽山神社」と書かれた鳥居をくぐり、小高い山の頂上に向かって延びる石段を上った。五分ほどで高台に出ると、眼下に中間貯蔵施設の造成工事と、果てしない収束作業が続く福島第一原発を一望できた。無数のクレーンがそびえ立ち、奥には三号機の作業ドームがはっきりと見える。福島第一原発事故を一枚で切り取れる壮観だった。

井戸川は「すごいことになっているでしょ。これを見せたかったんだ。前はもっと木立があったんだけどね、かなり切ったね」とうつむきながら話した。それにしても放射線量が高い。手元の線量計の画面には「毎時五マイクロシーベルト」と表示されていた。年間線量に換算すると国の避難指示解除基準である二〇ミリシーベルトを優に超える。双葉に限らず、山林は除染されておらず手付かずのままだ。落ち葉に含まれる放射能は根っこから吸収されて若芽が出て、再び落ち葉になって土に還る。これから数百年もの長い間、放射能は消えることなく循環していく。

プリウスに乗って地域の共同墓地に向かう途中、高く積み上げられた黒いフレコンバッグの脇を通り過ぎるたびに井戸川夫妻は寂しそうに口を開いた。

「あれは〇〇の田んぼだな。あいつも売ったのか……」

「この何もしていないところは誰だろう？」

「××」

××の名前に聞き覚えがあった。福島県知事選の告示日、いわき市内の仮設住宅で大きな犬を連れて井戸川の演説を聞いていた幼馴染の男性だ。彼は茨城県内で新居を構えたはずだった。なぜ井戸川と同じように土地を売り渡していないのだろうか。

「△△さんはお婿さんのいる九州に行ったんだっけ」

「みんな悲しみを金に換えているんだよ。最後は俺だけになるんだろうな」

二〇一九年二月末時点で環境省はすでに用地全域の七割近くを確保していた。フレコンバッグが積まれた区画は一応フェンスで囲われていたが、環境省が確保済みの土地であることを知らせる看板は立っていない。「売ったことが分かってしまい印象が悪い」（同省担当者）という理由だったが、先祖代々ここで暮らしてきた人々からすれば誰が売ったかは明々白々だし、そもそも誰も住んでいないのだからまったく無意味だ。

誰が売ったとか、誰が売っていないとか町民たちの間で話題に上るのか——そう尋ねると、井戸川はうつむき気味に首を振った。

「最初はね。目立つからね。でもだんだんと『だってしょうがないから』ってなったよね」

現行の政策に沿えば、帰還困難区域であっても放射線量が年間二〇ミリシーベルトを下回れば避難指示を解除できる（政府は二〇二一年八月、帰還困難区域についても住民の帰還意向を確かめたうえで二〇二〇年代に解除する方針を決めた）。しかし同じ帰還困難区域であっても中間貯蔵

墓の前で手を合わせる井戸川。背後に汚染土の詰まったフレコンバッグが積み上げられている

施設の用地内についてはほとんど言及がない。中間貯蔵施設として実際に使っているのは一部なのだから、その他の土地は解除しても支障がないはずだが、そんな話はまったく出てこない。要は三〇年後に戻すつもりなどないのだろう。県外での最終処分という約束も信じられるはずがない。いつかは諦めて土地を手放すか、あるいは井戸川のように手放さない人間がいてもいずれは亡くなると高を括っているのだ。

井戸川家の墓は双葉町郡山地区の共同墓地にあった。傾いたり、横倒しになったままの墓石もあった。

井戸川は周囲の雑草をバーナーで焼き払い、墓石の表面についた埃を雑巾で丁寧に拭き取ると、しゃがんで手を合わせた。背後には汚染土の詰まった黒いフレコンバッグが積み上げられていた。

一人で闘い抜く覚悟

井戸川は墓参を終えると自宅に向かった。少し高台になっている砂利道の途中で車を停め、トランクから長靴を出して履き替えた。「あなたの分も持ってきたよ」と私にも長靴を手渡そうとしたが、私は底が厚く防水仕様の米国製アウトドアブーツを履いてきたので、ありがたく断り、そのまま井戸川の後ろを付いていった。緩やかな坂道を上りきると、森のように茂った深い藪（やぶ）の中に二階建ての家が見えてきた。正面玄関の引き戸は下のほうのガラスが割れて、大きな穴が開いている。

「イノシシだ。あいつらここまで壊せるんだな」

井戸川は玄関から入るのを諦め、裏口へ回った。室内にまでガラスの破片が散乱している。

「靴は脱がないようにね。そのまま入って」

少し心苦しかったが、井戸川の言葉に従い、土足のまま上がり込んだ。足を踏み出すたび、ミシ、ピキッとガラスが擦れて割れる音がする。靴底が厚いので足に刺さる心配はないが、もし足を滑らせて転んだら間違いなく大怪我だ。

床の間には町長選の「為書き」が飾られていた。台所の床には大量の年賀状が入った段ボール箱が転がっていた。どちらも政治家にとって大切なもののはずなのだが、井戸川は見向きもしない。持って帰らなくて良いのか尋ねると、短い返事が返ってきた。

「うん、いずれね」

よく考えてみると、為書きや年賀状の多くは地元の政治家や支援者からのものだろう。彼らはすでに新天地で生活しているだろうし、事故に対する考え方の違いから井戸川と決別した人も多いはずだ。今の井戸川には持って帰っても意味がない。

裁判の検証のため双葉町に残る自宅を訪れた井戸川（奥）。映像を撮影するため、妻三喜子さんが防護服の背中に「原告井戸川」と記している

この日、井戸川が持ち出したのは、双葉の伝統的なお祭りを収めたビデオテープと、軒下に置いてあった一個のレンガだった。雨どいを伝って滴り落ちた雨水を介して放射能をたっぷりと吸い込んでいる。井戸川は「これが裁判に必要なんだ」とつぶやいた。

三〇分ほどで自宅を出ると、井戸川が創業した水道工事会社へ向かった。地元の優良企業とは聞いていたが、想像以上に大きな社屋で驚いた。正面の門扉を開けて中に入ると、床や机の上に鳥の糞が散乱し、白い水玉模様を作っていた。吹き抜けの上にある窓ガラスのサッシが外れており、そこから鳥たちが侵入を繰り返しているようだった。

井戸川はスチール棚からファイルを取り出し、何やら書類を探している。

奥にある応接室の壁には、有名な日本画家のリトグラフや大相撲の力士から贈られた手形の色紙が飾られていた。創業者が一代で築き上げた地方の企業にありがちな成金趣味に思えた。反体制的な書物で埋め尽くされた「砦」と、同じ人物が築いたものとは思えなかった。

会社は長男が引き継ぎ、今も福島県内で営業を続けている。子供について尋ねると、井戸川の口は重くなる。

「息子は何を考えているか分からないし、みんな行っちまえばいい。俺一人で残るつもりだけど、寿命があるからな……」

井戸川が町長在職中、中間貯蔵施設の拒否を貫いたのは、当時の民主党政権で唯一心を許していた大臣からの耳打ちがきっかけだった。

「中間貯蔵施設を受け入れたら、国はこの事故から手を引くぞ」

福島の広い大地を剥ぎ取れば膨大な汚染土が発生する。その搬出先があることを国民、県民に示し、現地に放置されないことをアピールして除染を進める。それが中間貯蔵施設に込められた本当の役割だった。周りに誰も住まない中間貯蔵施設にフレコンバッグを運び込んでしまえば汚染土の存在を見えないものにできる。国にとってリアルな汚染の対策は重要ではなく、事故を早く幕引きするため、国民の視界と脳裏から「事故」を消すことが大事なのだ。三〇年後、福島県外のどこか別の場所へ汚染土を再び移す動機があるとはとても思えない。

田中正造

井戸川はこの頃、ある先人の名をよく口にしていた。明治期に起きた日本初の公害事件「足尾鉱毒事件」で、国家権力と闘い抜いた政治家、そして社会運動家の田中正造だ。

栃木県北西部の山間(やまあい)にあった足尾銅山では、新興の古河財閥が明治政府の後押しを受けて増産を進めた結果、大量の銅だけではなく、鉱毒も産みだした。群馬県境を流れる渡良瀬川流域で頻発していた洪水によって鉱毒は解き放たれ、豊穣な農地を枯らした。

明治政府は当初、農業被害と鉱毒の因果関係を認めなかった。しかし住民の激しい反発と数々の調査によって否定できなくなると、今度は住民との示談と汚染対策を古河財閥にさせることで、操業を止めないまま決着を図った。その後、形ばかりの汚染対策では効果がない実態が明らかになると、次は栃木県南部にあった谷中村を水の底に沈め、「遊水地」とする計画を立てた。もちろん、それで汚染が消えるはずはない。その後の歴史を顧みれば、汚染対策を洪水対策にすり替え、事件を強引に幕引きする狙いだったのは明らかだ。問題の本質と責任をすり替え、嘘と隠蔽で「終わったこと」にする国策の手口は明治から昭和、平成の世になってもまったく変わっていない。もしかしたら官僚の秘儀として教え継がれているのかもしれない。

郷土史をひもとくと、足尾と双葉には偶然では片付けられない深い因縁がある。足尾銅山の本格的な開発は、中世から双葉を治めてきた旧相馬藩の出資を受けて始まった。そして今、双葉からの避難者が多く暮らす加須市の北側を流れる利根川の対岸には、かつて谷中村だった渡良瀬遊水地がある。実は加須市の北部も遊水地計画の候補地だったが、田中の激励を受けた住民たちが結束して反対し、埼玉県も計画を拒否したため水没を免れた。

田中正造と井戸川克隆も一〇〇年の時を隔ててその生き様が重なり合う。田中は現在の栃木県佐野市の名主の家に生まれた。幕末には領主の圧政に抗議して牢獄につながれ、明治に入っても上司殺害の濡れ衣を着せられるなど辛苦を重ねた。その後自由民権運動に参加し、栃木県議会議員に当選すると、明治政府から送り込まれた三島通庸（みちつね）県令（現在の知事にあたる）が進める道路開発に真っ向から異を唱えた。三島は薩摩藩出身の内務官僚で、栃木以前に山形、福島などの県令も歴任し、積極的な開発志向と自由民権運動に対する強権的な姿勢から、「土木県令」「鬼県令」の異名を取った。

三島の道路開発は、沿道住民の寄付と労働奉仕によって予算不足を補うというもので、田中は中央の有力者を回ってその暴政ぶりを告発したが、自由民権運動の過激派が起こした「加波山事件」（一八八四年）に関与したとして三度目の収監という憂き目に遭った。田中の訴えが影響したかは不明だが、三島はこの年をもって栃木県令から内務省土木局長に転じた。

田中は一八九〇年、第一回衆議院議員選挙で当選を果たすと、国会の場で藩閥政府と政商の癒着を厳しく追及していく。「予は下野の百姓なり」という名文句が示す通り、田中は代議士となっても自らの軸足を栃木の農村に置き、藩閥政府にすり寄ることをしなかった。だが、そんな田中の前に最強の敵が現れる。政府の不作為と棄民が問われた日本最初の公害「足尾鉱毒事件」だった。

田中は国会での追及に限界を感じ、一九〇一年に明治天皇への直訴を断行した。当時の新聞各社は号外を出して、被害住民への同情を煽り立てると共に、理不尽な国策に抗う闘士として田中を称賛した。

田中は晩年谷中村に移り住み、若者たちと勉強会を重ね、遊水地計画に抵抗した。しかし政府による強制破壊で村は壊滅し、田中も志半ばにして病に倒れた。そして谷中村は水の底に沈んだ。

田中が「辛酸亦入佳境」という漢詩の一節を好んで揮毫したことから、昭和期の作家、城山三郎は田中の晩年を描いた小説を『辛酸』と名付けた。国策との苦闘を貫いた田中の生き様は「辛酸」の二文字と共に今も語り継がれている。

田中と井戸川の違い

田中と井戸川は遊水地と中間貯蔵施設を徹底拒否したことのみならず、古河財閥による示談契約と、東電の賠償指針という、加害者による「償い」を偽りと見抜き、騙されないよう呼びかけた点も共通している。

井戸川も田中の生き様をよく知っていた。ところが井戸川は田中を偉人としてただ敬うのではなく、見習ってはならない反面教師とも位置づけていた。

「似ていると言われるとそうかもしれないね。一途に通したことは共感しているよ。でも彼の生き様は消耗戦だったと思う。押出し（大挙上京請願活動）を繰り返させて、村もなくなって、村人もいなくなった。まだ俺はそうなっていない。町民を消耗戦で疲れさせたくないから、俺は裁判も一人でやっているし、最後は俺一人になると思う」

私はずっと、偉人と並び称される気恥ずかしさでそう言っているとばかり思い込んでいた。

だが井戸川と行動を共にするうち、それが考え抜いた末の結論なのだと理解できた。

私は今回、井戸川について書くにあたり、田中に関する文献を改めて読み返した。田中が行った「押出し」とは、被害者が大挙して上京し、為政者に対応を求めるものだ。井戸川の目にそれは加害者へのへり下りに映ったのだろう。また田中がキリスト教の宗教者や知識人たちと連携し、被害救済を訴える社会運動を目指したことも受け入れられなかった。巨大で複雑な国策の被害に社会運動で立ち向かおうとすれば、支持を広げるために分かりにくい部分を取り除くしかない。そうすると、被害の多くがこぼれ落ちるだけではなく、本質や全体像がぼやけてくる。漠然とした共感に支えられた社会運動は弱い。ひとたび為政者から見せかけの救済策が示されると、「ああ、これで救われたね」と多くの支援者は離れていき、あっけなく崩れ去るのは歴史が証明している。

井戸川にとって闘いの目指すところはあくまでも事実の探求や責任の追及であって支持の拡大ではない。また井戸川は自ら道を切り開いてきた自負心が強く、他者への甘えや依存を嫌う。周囲から見れば、井戸川は特別な人間に映り、共感や支持は広がりにくい。社会の評価も低くなりがちだ。これは純粋すぎる闘いが内包するジレンマと言えた。

三〇年後の双葉で

夜の闇に包まれたハイウェイを通って加須へ帰る車中、無人の荒野となった故郷をどうするつもりなのか尋ねた。井戸川に何か考えがあるように思えたからだ。

――もしかしてあそこに戻るつもりですか?

「それね、俺もそう言っているの。あそこに新しく家建てるから」

――成田空港の監視小屋みたいなイメージですか?

「ああ、そうだねえ。どんなのになるか分からないけど、賠償で建てるなら御殿みたいなの建ててもいいしね。ははは、世界のニュースになるでしょ」

――もうすぐ平成じゃなくなるけど、平成の巌窟(がんくつ)王みたいですね?

「巌窟王か、いいねえ。だって所有権絶対の原則だからね。自分の土地に住むっていうのを邪魔はできないでしょ。環境省も困るんじゃないかな」

三〇年後に何が起きているのかを想像してみた。

一〇〇歳を目前にした井戸川は小さなログハウスを建てて双葉に戻っている。汚染土の上に生えた雑草は生い茂り、深い藪が一面に広がっている。井戸川以外には誰も住んでいない。電気やガス、水道も引かれていないため、ライフラインはすべて自前だ。井戸を掘り、太陽光パネルと水素電池、プロパンガスを持ち込んだ。「東電原発事故研究所」もここに移り、井戸川は膨大な書物に囲まれながら、自らの人生を懸けた「原発戦記」をしたためている。そして「約束」の保管期間が終了する二〇四五年三月一二日がやってくる。井戸川は集まった記者たちを前に高らかに宣言する。

「ほら、汚染土は残されたままだ。元通りになっていない。やっぱり国はウソをついたんだ!」

黒子に徹する男

二〇一九年五月一日、平成から令和に改元された。この頃から、毎月最初の金曜日に開かれる双中協の役員会に私も参加するようになった。

役員会では毎回、原発事故に関する大量の資料が配られる。福島県が事故前に地域で配布していた原子力防災のパンフレット(防災のしおり)や、事故直後に東京電力が経済産業相に提出した賠償に関する誓約書、JCO臨界事故(一九九九年)では周辺住民を対象とした健康診断の基準が年間一ミリシーベルトだったことを示すチラシなど多岐にわたる。いずれも国や東電、福島県が住民を欺き、事故前の約束を反故にした「証拠」だった。

井戸川と二人で双中協を取り仕切っているのが、事務局長で双葉町の元副町長、井上一芳だ。井上は井戸川と同じ双葉町郡山地区の出身で同い年の幼馴染だ。他の家臣たちとどこか違う雰囲気をまとっているのは、井上がこれまでの人生を組織人として過ごしてきたからだろう。

井上はＮＴＴや関連会社のサラリーマンとして勤めあげた後、実家の農業を継ぐため双葉に帰郷した。それから三年後にあの事故が起きた。加須に避難してすぐに井戸川から副町長への就任を打診された。もともとは福島県から副町長を迎える話が進んでいたが、県との関係悪化で御破算になったからだ。井上は「火中の栗」と知りつつ引き受けた。「サラリーマンしかやってこなかった自分に副町長が務まるか分からなかったけど、私に頼むなんて、克隆はよっぽど困っていたんだと思う」と振り返る。

賠償、除染、避難指示区域の再編……事故処理に関する重要な政策課題が浮上するたび、役場と町民の反応を取材しようと、多くの記者が旧騎西高校にやってきた。だが不思議なことに、当時副町長だった井上の名前はほとんど表に出ていない。

「記者からコメントを求められても、『井戸川に直接話を聞いてほしい。私は取材に答えないよ』と言ってきたから」

井上は副町長として井戸川の黒子に徹していた。その関係性は今も変わっていない。

井戸川が辞職を表明した後、井上は次の町長が決まるまで職務代理者を務めた。そして副町長を降りた後も、井戸川の側を離れず、加須に残る道を選んだ。

井戸川と歩調を合わせるように、井上も中間貯蔵施設の用地内にある自宅と田畑を環境省に引き渡していない。帰還の意向を確認する復興庁のアンケートには「帰る」と答え続け、国策に服従しない意地を示している。

一方、賠償については、一人で裁判を闘う井戸川と違う道を選んだ、国が定めた賠償の指針、いわゆる「中間指針」を受け入れた。

二〇一九年七月二七日、東京・霞が関の弁護士会館で開かれた原発賠償のシンポジウムで井上の姿を見かけた。民法や公害分野の高名な研究者や、全国各地で避難者訴訟を手掛けている弁護士たちが集まり、これまでの「成果」をアピールした。

「一連の判決によって自主避難の損害について賠償が肯定され、予防原則が民法領域に浸透しました。つまり、いいことがあったということです！」

壇上から威勢のいい発言が飛び出すたび、客席から盛大な拍手が上がった。真夏の熱気も相まって、会場が高揚感に包まれる中、井上だけが浮かない表情だった。

断固拒否を貫いて町長を辞めた井戸川に代わり、井上は副町長として中間指針を受け入れた。加害者である国が被害者に「償い」を押し付ける理不尽を分かってはいたが、町民の当面の生活を守るためには仕方ない、町民が求めているのだから仕方ない——と自分に言い聞かせてのことだった。この時の引け目は棘となって今も井上の中に残っている。だから井戸川のように裁判を起こし、徹底抗戦を貫くことができない。

登壇した若い研究者や弁護士たちは、現行制度の問題点にも触れるものの、中間指針をベースに上積みできた成果をアピールしていた。裏返せば中間指針を否定することなく受け入れている。中間指針の策定には司法界の権威たちも関わっている。そんな指針を真っ向から否定すれば、業界で村八分にされかねない。そんな保身の意図が働いているかは分からないが、若い研究者や弁護士たちは無邪気な様子で〝自画自賛〟を続けていた。私は次第に白けた気分になり、閉会を待たずに席を立ち、会場のホールを出た。すると、一階の正面玄関に降りる階段の途中で井上と鉢合わせた。井上はうつむき加減にぽつりとこぼした。

「期待して来たんだけどね、なんかちょっと違うんだよね……」

井上は加須市内で小さな畑を耕して野菜を育てている。自らに言い聞かせるように加須の良さを褒めたたえた。

「いやあ、雨が降らないよね。避難させてもらっているから言えないけど、加須は暑すぎる。でも、双葉は夏も涼しかったから、夜中もずっとエアコンつけっぱなしになんてしなかった。でも、加須は砂地で畑はいいんだよね。何を作っても野菜が美味しいんだよ」

夏は早朝に起きてシシトウやオクラ、ナスなどを収穫し、いったん帰宅した後、暑さが和らぐのを待って夕方再び畑に出て水を撒く。秋は白菜や大根、カブといった冬野菜を植えつける。几帳面で実直な性格がそのまま表れたかのように井上の畑はいつも整っている。土は美しくならされ、足を踏み入れると、くるぶしまで埋まるほど柔らかい。

双中協の役員会が終わると、井上は「今日は時間大丈夫？」と言って私を畑に連れていく。「カボチャは蔓（つる）を見て、ほら、ここが食い込んでいるんですよ。これはまだ早いかな、もう少し食い込んでから」「スイカはね、なり蔓っていうんだけど、これが黄色くなるとね」などと、一つひとつ解説しながら収穫してくれる。ホウレンソウ、レタス、キュウリ、ニンジン……井上からもらう野菜はいつも甘くて滋味に満ちていた。


初めは一人では持ちきれないほど大量の野菜をもらうことに抵抗感があった。しかしその後、井上がこの野菜を市場に卸さず、近所の高齢者施設に無償で提供していると聞き、遠慮なくもらうことにした。はっきりとは言わないが、避難を受け入れてくれた加須の農家に遠慮しているのだろう。だから私は毎月、たくさんの野菜を持って帰り、我が家で食べきれない分は知人たちにも配っている。必ず井上の想いも添えて。

「双葉の証明」を求める女

松木桂子はいつも朗らかで、そして控え目だ。井戸川が放射能や法律の難解な事柄を話している間も、ニコニコと聞き続けている。一方で、井戸川が周囲の友人たちを双中協に勧誘するよう求めても、松木は「婦人会の集まりで言ったんだけどねえ……、『国があ』『町があ』で終わっちゃうのよね」などと受け流すのだ。

ある時、松木が何か引け目のようなものを抱えていることに気がついた。

二〇一九年五月一〇日の役員会のことだ。

井戸川が「避難指示を解除された時に何を失うのか、ちょっと考えてみてほしいんだな」と問いかけると、珍しく松木が真っ先に反応した。

「ないかな……。私はあそこにいたってだけだから。私はあそこにいた権利だけは絶対に離さないよと言っているけど……。『けど』って言ったらいけないんだけど、私に何か主張することがあるのかなあ……」

役員会が終わった後、発言の真意を尋ねると、松木が双葉町ではなく、北に約二五キロ離れた南相馬市原町区の出身であることを知った。夫は双葉町の出身で、事故が起きるまでの三〇年間を双葉町の町営住宅で過ごした。

「土地を持っていない私が役員なんて引き受けていいのか分からなかったけど、あそこにいたっていう権利だけは手放したくないの。じゃないと、私は何もなくなっちゃう気がして……」

過去の報道を調べていると、松木が主役になっている一本の新聞記事を見つけた。私の古巣、毎日新聞の二〇一七年九月二四日付朝刊の『歌えない故郷（ふるさと）』という連載の初回記事だった。その内容は、原発から約三キロの帰還困難区域内に松木の自宅があるが、望郷の念を捨てがたいため、町から支給されたタブレット端末を使って、町のライブカメラが捉えた故郷の夕焼けを今も見続けている――というものだった。襟に「ふたば」と入った法被（はっぴ）を着て、加須市内の盆踊り大会で「ふたば音頭」を踊る松木の写真も掲載されていた。

記事の末尾にこの連載の趣旨が書かれていた。

「原発事故は代々守ってきた土地や暮らし、絆を奪い、唱歌『故郷』を歌えなくなってしまった人もいる。歌を頼りに人々を訪ね、胸にしまい込んだ思いを聞いた」

松木の生まれ故郷は双葉町であるとしか読めない記事だった。だが実際には避難指示区域外の南相馬市原町区の出身だ。記者がその事実を知らずに書いたとすれば取材不足も甚だしいし、逆に知りながらこう書いたとすれば不誠実のそしりは免れない。

「私は松木さんのふるさとを訪ねた。自宅近くに放射性廃棄物の仮置き場ができていた」という記述があるので、記者は松木が長年住んでいた町営住宅を訪ねたのだろう。それなら松木の生まれ故郷が双葉町ではない可能性に気づいたはずだ。

念のため断っておくと、私はこの連載に関与していないし、記事を書いた記者とはほとんど面識がなく、個人的に批判したいわけではない。ただ、この欺瞞的な一本の新聞記事にさえ、「双葉の証明」を求める松木の強い思いがにじみ出ているのが興味深かった。

松木は埼玉県内に避難した人々の集団訴訟に加わっていたが、その事実を長らく双中協の中で明らかにしていなかった。それを知っていた井上がある時、「松木さん、さいたま裁判でもそうだったよね?」と口を滑らせた瞬間、松木が「あっ、言っちゃった……」と慌てふためいた。避難者の集団訴訟に批判的な井戸川への遠慮から伏せていたのだと察した。

訴訟に提出した松木の陳述書にこんな記述があった。

「双葉町の人々は、そのうち一定数が、さいたまスーパーアリーナから旧騎西高校の避難所へまとまった形で避難するという経路を辿(たど)った。この点、双葉町の住民としての一定の人間関係は維持された面もあるかもしれない。しかし、以上述べてきたような原告二四(松木)らの事情からもわかるとおり、双葉町に居住していた時の人間関係や地域におけるつながり、仕事や食に関するかかわりや相互のつながり、助け合い、双葉町に存在していた風土、文化、祭りや行事等の営みといった一連の『ふるさと』を構成していた部分は根本的に破壊された」

松木の中では双葉が自らの「ふるさと」になっているのかもしれない。だから次のような東電からの反論書を読んで、松木は言葉を失うほどのショックを受けた。「ふるさと」に対する松木の複雑な気持ちを一顧だにせず、事故が起きて良かったじゃないか、と言わんばかりだったからだ。

「原告らは快適性や利便性の点で居住環境の向上した埼玉県加須市の借上住宅（みなし仮設住宅）に転居し、現在まで同所に賃料を支払わずに無償で居住しており、しかも、原告らは、本件事故後も、双葉町の住民との交流を維持し、加須市でも新たな人間関係を構築して平穏な生活を送っている」

頑固になり切れない男

幾田慎一は双葉町の中心部で酒屋を営んでいた。体格が良く、少し潰れた声で口調も荒い。

いわゆる「コワモテ」だ。若い頃はやんちゃをしていたらしく、今も役所の説明会や懇談会では真っ先に役人たちにかみつく。双中協の「切り込み隊長」だ。

幾田は旧騎西高校の避難所に最後までとどまろうとした。井戸川が町長の座を降りた後、双葉町は避難所を閉鎖する方針を示し、残っていた人々に退去を迫った。幾田は避難所の自治会長として抵抗を続けたが、最後は電気や水道まで止められ、二〇一三年末にやむなく旧騎西高校を後にした。

二〇一四年、私は旧騎西高校からほど近い旧街道沿いの古い建物で幾田から話を聞いたことがあった。

幾田は当時、以前は喫茶店だったというこの古い建物を借りて、双葉の高齢者たちが集まる交流スペース「双葉せんだん広場」を主宰していた。梅檀（せんだん）は双葉町の町木で、井上が事務局長を務めていた町の社会福祉協議会が運営する高齢者施設にもその名前が使われている。

双葉せんだん広場は双葉町民たちの交流会、いわゆるお茶会で、双中協のような勉強会や政治的な会合ではなかった。しかし集まった町民の中には「あんな無駄な抵抗しなきゃよかったのに」と井戸川をこき下ろす人もいた。幾田は井戸川批判の輪に加わっていなかったものの、「入れ替わり立ち代わりやってきていつも記事にするのはこれっぽっち」と、旧騎西高校にいた時のマスコミへの不満をぶちまけるばかりで、まともな取材にならなかった。

私は三時間ほど滞在したが、何一つ成果がないまま帰途に就いた。建物のはす向かいにある酒蔵の前で帰りのバスを待つ間、虚しさがこみ上げたのを今も憶えている。

それから五年後、双中協の役員会に出席して、幾田がいるのを見て驚いた。てっきり「反井戸川」だと思い込んでいたのだ。

幾田はすでに「双葉せんだん広場」をたたんでいた。福島県の補助金や民間募金の支援が打ち切られ、資金繰りに行き詰まったからだ。

「表向きは福島県外で活動してもいいって言うんだけど、実際には福島に戻らないと補助金を出さないいんだよ」


幾田は四六時中と言ってもよいほど、賠償への不満を言い募っている。幾田は東電への直接請求という一般的なやり方を取っている。国の賠償指針を完全否定する裁判に訴えている井戸川は直接請求をしていないので、個別具体的なアドバイスを望めないはずだ。それでも双中協に参加する意義を、幾田はこう繰り返していた。

「俺はここで勉強しているから反論できるけど、東電から『もう賠償は終わりです』なんて言われたら、他の人は『ああ、そうですか』って引き下がっちゃう」

財物賠償や営業損害は、決められた項目や家財ごとに請求金額を定め、購入時の領収書や写真、帳簿などの証拠と合わせて東電に請求書を送る。いろいろ理由を付けて請求通りに支払わない東電に幾田は苛立ちを募らせていた。

「電話に出た担当者が名前を名乗らない」「文書で答えろと言っても応じない」「（賠償を）出さない理由を言わない」——など、幾田の怒りの矛先はいつも東電の賠償窓口に向けられており、国策の理不尽を説く井戸川の教えが生きているようには思えなかった。

コワモテの幾田だったが、内心は「出る杭」にならないよう気をつけていた。そこには双葉という小さな町で代々酒屋を続けてきた商売人の教えが影響している。

「父親からいつも言われてたんだけど、商人は旗を振っちゃうと、お得意さんを敵に回しちゃったりするんだよ。そうなると田舎だと買いに来てくれなくなる。だから選挙の時は誰を支持しているか鮮明にしないようにしていた。会長（井戸川）の言葉で自分が騙されていたって分かったけど、この事故がなければ一生安泰で騙されたまま死んでいったんだろうな」

それなら知らないまま安泰に過ごしたほうが良かったのか——そう尋ねると、幾田はしばらく考え込んだ後でこう答えた。

「うーん……。知らなかったほうが良かったんじゃないかな。事故が起きなければ……。まあ、会長を見習ってもう少し頑固になろうとは思ってるんだけどね」

双葉町長になった男

「双葉町がなんでゴミを引き受けなきゃいけないの？　絶対に引き受けないって言ったら町会議員に首を切られたわけだけど、果たして俺が悪かったのかな？　子々孫々まで考えた時に、あんな迷惑施設を受け入れた町長って最悪だと思うよ」

自分が双葉町長を続けていたらこんな無残なことになっていない――いつもの井戸川節だ。ところがある時、井戸川がこんなことをこぼすのを耳にした。

「町長の仕事なんて結局は国や県に『カネくれ』って頼むだけなんだよ。俺はあの時に町長を辞めておいてよかったよ。続けていたら伊澤と同じことをさせられていた」

その時、呰には私たち二人しかいなかった。今まで聞いたことのない井戸川の「弱音」に動揺し、何も答えられなかった。

二〇一三年二月に井戸川が任期半ばで双葉町長を辞職した後、伊澤史朗氏が町長の座に就いた。伊澤氏は井戸川より一回り下で、町内で獣医院を経営していた。そして事故が起きて加須に避難した後、町議会議員として井戸川の不信任決議案に賛成した。

伊澤氏は町長に就任後、「福島復興への協力」を理由に中間貯蔵施設を受け入れた。井戸川が掲げた断固拒否の旗を降ろしたのだ。

井戸川は伊澤氏をこう批判している。

「個人の土地所有権に関わることを町長がなぜ勝手に受け入れたりできるのよ。伊澤は取り返しのつかない損害を町民に与えたのよ。歴史に汚点を残すことになるよ」

ところが井上によると、井戸川は町長在職中、伊澤氏を後継者と見込んでいたという。これは私の推測だが、弁が立つ地頭の良さを高く買っていたのだろう。

ある時、双中協の会合で左に座る新野亥一から「原発事故被害者のみなさんへ」と題した文書を見せられて驚いた。それは事故発生から九カ月後の二〇一一年一二月、当時町議だった伊澤氏が町民に集団訴訟への参加を呼びかけたチラシだった。新野もこの裁判の原告に加わっているという。そこには弁護士の文責でこんな記述があった。

「被害者は、被害の具体的な実情に即した十分な被害の賠償を求める権利があります。私たちは、東電の不十分な提案や、原子力損害賠償紛争審査会の『中間指針』に依拠するのではなく、被害の実態を直視し、被害者の多様な要求を全面的に受け止めて、適正な賠償の実現に取り組みます」

「私たちは、年間二〇ミリシーベルトの積算線量を超えなければ被害がないかのような一方的な線引きを許さず、子供たちをはじめすべての人の生命・健康と尊厳が遵守されるよう要求し、その要求実現のために活動します」

まるで井戸川が書いたかのように、原理原則を守るよう強く主張している。伊澤氏は自ら呼びかけ人になって避難者の集団訴訟を起こしたのに、町長に就任するとすぐに中間貯蔵施設を受け入れた。さらには国が事故後に打ち出した年間二〇ミリシーベルト基準を受け入れ、避難指示解除を進めようとしている。

汚染したまま避難指示が解除されるのを歓迎する町民はほとんどいない。地方自治の理念を踏まえれば、首長は民意を汲んで反対を貫かなければならないはずだ。しかし、抗い抜いて町長の座を追われた井戸川以外に、国や福島県と正面から対決した首長は一人もいない。カネと人でがんじがらめにされた地方自治の仕組みが悪いのか、それとも一致団結して首長を支えない住民の弱さなのか、あるいはその両方なのかは分からない。いずれにせよ住民一人ひとりが主体的に立ち上がらなければ、ふるさとを守ることはできない。

聖火リレーのために先行解除

国は二〇一一年一二月の「収束宣言」後、「帰還困難区域」（年間五〇ミリシーベルト超、あるいは五年後に二〇ミリシーベルトを下回らない地域）、▽「居住制限区域」（年間二〇～五〇ミリシーベルト）、▽「避難指示解除準備区域」（年間二〇ミリシーベルト以下）に線引きをやり直す避難指示区域の再編を進めた。再編は二〇一三年八月、最後の川俣町をもって終了し、いよいよ解除に向けた国の反転攻勢の準備が整った。

双葉町（五一四二ヘクタール）は全体の九六％が「帰還困難区域」で、北隣の浪江町との境界に近い海岸線の四％（約二〇〇ヘクタール）だけが「避難指示解除準備区域」となっていた。私はてっきりコンピューターではじき出した放射線量の将来予測に従って、機械的に線引きしたものと思っていたが、副町長として国との交渉に当たった井上によると、町内で賠償格差が生じないよう、帰還困難区域を広げるよう国に求めた成果なのだという。確かに帰還困難区域のある原発周辺の七市町村のうち双葉町だけ「居住制限区域」が存在しない。コンピューターで機械的に線引きしたのであれば、そんな不自然は考えにくい。

この線引きの結果、双葉町は長らく全町避難のままだったが、二〇一九年秋、国はついに双葉町の避難指示解除に向けて動きだした。

しかし、海岸線に「離れ小島」のように孤立している四％の避難指示解除準備区域だけを解除しても、そこに住民が戻って生活するのは難しい。そのため、国は二〇二〇年三月に全線復旧を予定しているJR常磐線双葉駅までのアクセス道路と合わせて解除する方針を示した。

ところが、おかしなことに解除された地域に住めるのは二年後の二〇二二年度からだという。避難指示とはすなわち居住の禁止であり、解除とは戻って居住を認めることなのだから明らかに矛盾している。国はこれまで「憲法が保障する居住の自由を守るために解除させてほしい」という屁理屈まで繰り出し、避難者の反対を無視して解除を押し切ってきた。ところが今回は「解除はするけどまだ戻って住まなくていい」というのだ。

今回解除を予定する区域とは別に、国は帰還困難区域のうち双葉町中心部の五五五ヘクタールを「特定復興再生拠点区域」（復興拠点）として除染を進めており、二〇二二年度にこの復興拠点の避難指示を解除するのと合わせて双葉町での居住を再開する青写真を描いていた。

それなら、なぜわずか四%の土地を先行解除するのだろうか。居住を認めないなら二〇二二年度にまとめて解除すれば良いだけの話だ。井上は「東京五輪の聖火ランナーを走らせるためだろう」と見ていた。「復興五輪」を掲げているのに、双葉町だけが聖火ランナーのルートから外れるのは見栄えが悪いため、双葉駅前を走らせるために先行解除するというのだ。

東京オリンピック・パラリンピック競技大会組織委員会が二〇一九年六月に発表した聖火リレーのルート概要によると、福島県内を走るのは二〇二〇年三月二六日～二八日の三日間で、Jヴィレッジ（楢葉、広野両町）をスタートし、原発事故の被災地である浜通り地域を北上する予定になっていた。双葉町はルートに入っていないが、今回の先行解除が決まれば加える方向で検討すると報じられていた。どうやら井上の見立ては正しいようだ。

二〇二〇東京五輪は東日本大震災、いや福島第一原発事故との深い関係を抜きにしては語れない。「復興五輪」をアピールする一方、放射能汚染は招致にマイナスと見て、「とにかく安心」と言わんばかりに宣伝した。

二〇一三年九月にアルゼンチン・ブエノスアイレスでＩＯＣ総会が開催される直前、除染や避難指示解除など事故に関する国の会議がことごとく延期になった。放射能汚染に世界の注目が集まるのを嫌がったのだろう。そして安倍晋三首相の「アンダーコントロール」演説もあり、招致は成功した。震災と原発事故の「使い分け」が功を奏したのだ。

為政者が嘘や隠蔽を積み重ねても、ほとんど支障なく国策は進められていく。井戸川はいつも嘆いていた。

「騙す側は無尽蔵に弾があるのに、騙される側に弾がないのよ。だから諦めてしまっているというか、思い込まされているというか、次から次に弾を発掘すれば喧嘩できるはずなんだけど……」

「ご迷惑とご心配」

二〇一九年一一月一五日、キャッスルきさいで、避難指示の先行解除に向けた町民説明会が国と双葉町の共催で行われた。

原発行政において、国と自治体がこうした説明会を共催するのは珍しくない。住民の側から見れば、どちらの主催だろうと共催だろうと大した違いはないが、役所の側から見ると、住民の意思を無視して政策を押し通すには、責任の所在をあいまいにするこうしたロンダリング（洗浄）の仕掛けが不可欠なのだろう。

こうした説明会に来る役人たちは政府の「公式見解」を繰り返すだけで、住民の疑問や怒りを真摯（しんし）に受け止めようとはしない。おまけに大抵は一、二年で交代するので、個々人の印象はほとんど残らない。住民の怒りの矛先は身近な存在である首長へ向けられやすい。

住民説明会は加須を含む福島県内外の一一カ所で開かれる予定になっていた。避難先が全国に散らばっているので仕方がないが、解除に反対する住民の総意を世間に見せないのが狙いなのではないかと勘繰りたくなる。

開始三〇分前に会場のホールに入ると、前方に避難指示解除を担当する内閣府原子力被災者生活支援チーム（実質的に経済産業省の別動隊）や、除染と中間貯蔵施設を担当する環境省など、事故処理に関わる省庁担当者の席と、双葉町幹部の席が横並びに設置されており、すでに伊澤町長をはじめスーツ姿の男女約三〇人が着席していた。それと向かい合うように一〇〇席ほどのパイプ椅子が町民用に並べられていた。井戸川は町民席の最前列の中央に陣取り、三脚とムービーカメラをセッティングしていた。

しばらくすると町民たちが続々と姿を現した。その中には井上や幾田、松木もいた。不思議なことに、双中協のメンバーたちはいつも、固まって座ろうとしない。井戸川の陣取る最前列には誰も座らず、めいめいが後方の席に陣取った。

説明会にやってきた五〇人ほどの町民は高齢者ばかりだった。ホールの片隅でノートやカメラを手に立っている新聞やテレビの記者は私を含めて五人ほどしかいない。この先行解除が無意味と知っているからかもしれないが、原発事故に対する関心の低下は一目瞭然だった。

午前一〇時になると、伊澤町長が立ち上がり、「長期にわたる避難生活、大変お疲れ様です」と挨拶を始めた。すでに町内で整備が進んでいた産業団地や除染の説明に時間を割いた。

「避難指示解除準備区域内の中野地区復興産業拠点は順調に工事が進み、町の産業交流センターや県の東日本大震災・原子力災害伝承館は整備が進んでおり、来年夏頃のオープンを見込んでいます。合わせて雇用創出につなげるため拠点内への企業誘致を進めており、現在一一件一六社との協定を締結しました。さらに十数社と締結に向けて協議しています」

「特定復興再生拠点区域は五五五ヘクタールの全域で除染と建物解体が進んでいます。農地除染は双葉町での営農再開への第一歩です。八月には仙台市の舞台ファームと連携協定を締結しました」

伊澤町長は「皆様の質問や意見に丁寧にお答えし、町政に反映させていきます」と締めくくった。

外堀どころか内堀まで埋められているとしか言いようがないほど、すでに解除に向けた既成事実が積み上げられていた。解除の可否を町民に尋ねる姿勢にはとても思えない。

続いて、伊澤町長の左に座る国の原子力災害現地対策本部の由良英雄副本部長が立ち上がった。

「大震災から八年半あまりにわたり多大なるご迷惑とご心配をおかけしていることに改めておわびを申し上げます」

「ご迷惑とご心配をおかけしている」は東電の常套句だ。正面から責任を認めているようには聞こえず、被災者の評判はすこぶる悪い。こうした住民説明会で、「迷惑なんてレベルじゃないだろ！」「東電なんか心配してないよ！」と、怒気を含んだ野次が上がるのを耳にしたこともある。

その場でスマホを使って由良氏の略歴を検索してみると、経済産業省のキャリア官僚だった。被災者の多くは東電と国、特に原発推進の経産省を「一体」とみなしているが、事故の法的責任はすべて東電が負うとされ、国は「支援」する立場という建前になっている。それなのに国の担当幹部が東電の常套句を口にしている。心の奥に封じ込めていたはずの身内意識がつい出てしまったのか、それとも意図的に住民を挑発したのか、彼の表情からはうかがい知れなかった。

小役人たちの「真意」

国と町の担当者による説明が一時間ほど続いた後、町民との質疑応答に移った。司会者が質問がある人に挙手するよう求めたが、最前列に座る井戸川はじっと前をにらんだまま身動き一つしない。

「オオタニ」と名乗る初老の男性が「復興を進めることに異存はないが」と前置きしたうえで、「燃料の取り出し作業で事故が起きたら放射能が拡散する。対処する方法はあるのか?」と尋ねると、いずれも経産省出身の担当者二人が答弁に立った。

「落下しないよう二重に装置、防止機能が付いています。臨界が起きた場合の措置として、ホウ酸水を注入できる装置も付けています。廃炉は安全を大前提に東京電力がやっています」（内閣府廃炉・汚染水対策現地事務所の木野正登参事官）

「万が一の事態が起きた場合には、福島県で広域避難計画を策定しており、避難先を定めています。人命を最優先に住民避難に取り組むのが政府の考えです」（内閣府原子力被災者生活支援チームの宮部勝弘支援調整官）

国はずっと「原発安全神話」を喧伝してきたのに過酷事故が起きた。そして安全神話に依存して備えていなかったため住民避難は混乱を極めた。それなのに、まるで何事もなかったかのように、今度は大丈夫とばかりに、再び安全安心をアピールしている。あまりに国民を馬鹿にしている。

「オオタニ」という男性は怒りをあらわに言い返そうとしたが、話している途中で馬鹿馬鹿しくなったのか、すぐに矛を収めた。

「今回の事故だってあり得ないって言われていたでしょ。確率が低くとも起こる可能性があるってことで、起きたらお手上げなんだと認識しましたが、間違いですか？　まあ、これ以上やっても水掛け論になりますから、言いませんけど」

次に質問に立ったのは幾田だった。

「東京電力はいつもデタラメ。『もう（賠償は）終わりました』『社内ルールで決まりました』、そればっかりですよ。電話に対応するのは東電の社員じゃなくて派遣の女の人で、『申し訳ありません』しか答えなくて先に進まない。自分たちは無職ですよ。年齢もあるし、仕事なんかできない。自分たちが生活でかかる実費は最低限いただきたいんですよ。架空請求しているわけじゃないんですよ。東電は電話だけで対応して、顔も見せずに謝るだけ。一体どうしたらいいんですか？」

東電の賠償窓口への怒りはさておき、事故で失った生業を取り戻すことができないのに一方的に賠償を打ち切る理不尽はその通りだ。幾田の年齢を考えると、会社員としての再就職は難しいし、避難先で新たに酒屋を開業するなど不可能だろう。仮に双葉に戻って酒屋を再開するにしても、人がほとんど住まない土地で商売が成り立つはずがない。

だが、経産省の担当者から返ってきた言葉は、無味乾燥な公式見解だった。

「経済産業省としましてはこれまでに引き続き、お話を聞いて請求について公平、適切、迅速に対応するように、これまでも言っていますが、指導してまいりたいと考えております。いずれにせよ、損害賠償の制度は文部科学省で事故賠償紛争審査会というのがありまして、項目あるいは範囲を審議会である程度、中間指針というのを決めております。我々経産省の立場としては中身について意見などは言えないところでありますが、事故からこれだけ年月が経過している中で、この加須市においても皆様さまざまな状況があるのは理解しておりますので、そういったところについて、東電においてはしっかり話を聞いて対応するよう指導してまいりたいと思います。以上です」

経産省の担当者は「立て板に水」とばかりの早口で一般論にすり替えた。何を言われても顔色一つ変えずに官僚答弁で切り返す小役人は役所で重宝されるのだろう。幾田はきょとんとした表情になり、「東電にちゃんとやらせてください」と言い残してすごすごと引き下がった。こういう小役人をやり込めるには、相手をはるかに凌駕する見識と、いなされてもかわされても原理原則を突っ張る気概が必要だった。

今度は松木が意を決した様子で手を挙げた。

「私は双葉町に住民票を残してあります。土地も家も何もないけれど、双葉町の人間であることをどう説明すればいいですか?」

しかし国や双葉町の担当者たちは苦笑いして首を傾げるだけで、答えは返ってこなかった。彼らがいつも強調する「コミュニティの維持」は本心から出ている言葉ではないのだ。

続いて井上が質問に立った。几帳面な井上らしく、他の市町村ですでに行われた避難指示解除との不整合を指摘した。

国はこれまで、①空間線量が年間二〇ミリシーベルト以下②日常生活に必要なインフラの復旧と除染の十分な進捗③自治体、住民との十分な協議――の三要件を満たさなければ解除しないとしてきた。ところがこの日の配布資料を見ると、要件③から「十分な」という言葉が抜け落ちていた。

後々言い逃れができるよう意図的に省いたのだろう。井上は国の担当者に「『十分な』を除いたのはなぜでしょうか?」と尋ねたうえで、伊澤町長にも「最後に町長にもお尋ねしたい。今日の説明をもって住民との『十分な』協議を済ませるのでしょうか?」と問いただした。

重要な矛盾を突く井上の質問に対する国と町の答えは、質問内容を誤解したふりをするという〝猿芝居〟だった。

「井上さんの質問は多岐にわたっていて、私もメモしたんですが、なかなか分かりづらい。

今回の説明で十分住民の皆様に説明をしたと判断して、避難指示解除の考え方をするのかというご指摘ですが、こちらだけの判断ということではなくて、県内外一一カ所でご説明させていただき、その後議会にご報告し、そういったことをしながら総合的に判断していきたいと思います」（伊澤町長）

「国としても、県、町、住民の皆様と十分に協議して進めていくかどうか検討してまいりたい。解除の三要件のご指摘ですが、避難指示が解除されれば居住することは可能になります」（宮部支援調整官）

井上の質問の趣旨は「今日の説明会で解除の可否を判断するのか？」ではなく、「現状で十分な協議を尽くしたと言えるのか？」だった。これに対して、「十分な協議を尽くしている」と答えれば、「それなら、なぜ『十分な』という言葉を省いたのか？」とさらに追及を受けるし、「十分とは言えない」と認めれば、「それなら十分な協議を尽くしてほしい」と返されるだろう。

イエス、ノーのどちらとも答えたくないため、彼らは質問の趣旨を誤解したふりをしてやり過ごそうとしたのだ。

これではまともな対話にならないと諦めたのかもしれない。井上もまた「まだ他もいるから、別途質問する」と引き下がった。

そして井戸川が静かに手を挙げた。闘いきれなかった家臣たちの言葉を補促するかのように持論を訴えた。

「双葉町には事故前から原子力災害対策計画というものがあり、国と周辺自治体が参加する合同対策協議会という会議で避難指示や解除について話し合うことになっている。だが、これまで欠席裁判で地元の意見も聞かずに勝手に決められてきた」

「福島県が二〇〇四年に作った『防災のしおり』を見ると、避難指示解除の要件は『事故が沈静化して、発電所からの放射性物質の放出が止まり』と書いてある。放射能が出続けているのだから、これに反しているじゃないですか?」

「東京電力の対応にもみんな不満だらけですよ。『払わない』とか『(賠償は)もう終わりました』とか、町は東電にもっと払うように言いなさい。解除は町民の不満を解消してからにしてください」

そこまで言い切ったところで、終了予定の正午を告げる鐘の音がホールに鳴り響いた。司会

避難指示の先行解除に向けた町民説明会で向かい合う伊澤町長（左）と井戸川（右）

の男性は「もうそろそろ時間なので最後の質問にしたいと思います」と言って、井戸川の〝質問〟に対する答えを省略した。

最後の質問者になった高齢の男性は中間貯蔵施設の「今後」について尋ねた。どうやら彼は二年後に予定されている本格解除を待って双葉に戻り、農業を再開したいようで、「三〇年後には元通りにする」という言質を欲しがっていた。

「先日、小泉（進次郎）環境大臣が中間貯蔵施設の汚染土を三〇年後に引き上げるような話をしていましたけれど、国としてはどのような……。本当に持ち出すんですか？」

後方の席に座る男性たちが手を横に振り、「そんなことはない、ない」と小声でささやき合っていた。三〇年後に汚染土を県外で最終処分するという国の「約束」を誰も信じていない。

由良副本部長の答えは疑念を払拭するどころか、むしろ確信させるに十分なものだった。

「県外での最終処分については措置を講じていくと法律上うたわれているところで、小泉大臣の発言はこれに基づき、国として取り組みをしっかり進めていくというものだと思っています」

二〇二〇年三月四日午前〇時、双葉町の一部が先行解除されたが、その後、新型コロナウイルス感染症の拡大を受けて、七月の東京オリンピック・パラリンピックの開催は延期となり、先行解除を受けて双葉駅前を走ることが決まっていた聖火リレーも延期となった。この先行解除は時期尚早というより、そもそも必要がなかったのは明らかだ。

第五章　沈黙と苦悩

長男の裏切りに激怒？

コロナ禍が落ち着き、双中協が再開した直後の二〇二一年一一月五日の役員会でのことだ。開始時刻の五分ほど前に砦に着き、二階に上ると、井戸川が大声で何やらまくし立てていた。

「出てたんだ。俺知らねえもん。何としたことか。これ見てびっくりした。俺に言わないで、何やってんだって怒ったけど、こんなことやってんだ。俺は裁判までやっているのに、息子はけろっとして史朗と並んで写真撮ってんだもの。俺にとっては反逆者だべ。がっかりしちゃった」

井戸川の前には双葉町の広報紙「広報ふたば」が置いてあった。井戸川から水道工事会社を引き継いだ長男と伊澤史朗町長が二人で並んでいる写真が掲載されていた。避難指示が先行解除された地域に整備されている町の復興産業拠点に井戸川の創業した会社が進出するのだという。

「財政の問題でちらっと（広報紙を）見たら、史朗のやつ、これみよがしにやってんだ。取り込まれちゃったよ。もうだめだわ。立場ねえべ。これは俺の息子でねえ」

井戸川の発言を字面だけ読むと、跡継ぎ息子に裏切られて激怒しているように受け取れるが、私は井戸川の声にどこか芝居がかったものを感じていた。

今の井戸川にとっては自らの人生を懸けた闘いがすべてだ。だから、自分が興した会社が双葉に戻ろうが、自分を町長の座から引きずり下ろした伊澤町長と長男が気脈を通じていようが、さほどの関心事ではないはずだ。しかしそんな本心をここで漏らしてしまうと、「長男や会社にさえ関心がないなら、自分たちにはもっと関心がない」と家臣から誤解されかねない。だからあえて怒り狂ったふりをしているのだと推察した。

定刻の午後一時半になると、井戸川はすぐ冷静になり、いつものように挨拶を始めた。
「皆さんこんにちは。双中協が何を考えて、何を目的にしているのかということがぼやけちゃったので、この反省も含めて議題にしていきたいと思っていますけど、皆さんに知らせたいことばかりなんですね。九月末日までの意見書の提出に合わせて、七〇枚くらい速達で、一〇月末日までに回答しろということでやったんですけども、なしのつぶてなんですよ。連絡も何も来ない。遅れるという話もない。俺が町長の時はここまでデタラメではなかった。おそらく役場職員も回答できないんでしょう」

迫りくる避難者滅亡の日

ちょうどこの頃、避難指示の本格解除に向けた動きが出始めていた。新野や幾田の自宅も含まれる双葉町中心部の「特定復興再生拠点区域」（復興拠点）について、国が二〇二二年六月にも避難指示を解除する方針であると報じられていた。今度は聖火ランナーを走らせるための先行解除と違い、解除された地域での居住が認められる。これで全住民が避難する自治体はなくなり、中間貯蔵施設の用地を含む帰還困難区域だけが残される。帰還困難区域とは土地の価値を全損、つまりゼロとみなすもので、そのため避難先での住宅購入費は賠償で上乗せされてきた。そもそも政府は戻って住むことを求めていないのだ。双葉町の避難指示解除は事実上、法的に認められた原発避難者の滅亡、避難者政策の終了を意味する。

この事故における東電の賠償や行政による避難者支援は避難指示と連動する形で制度設計がされている。解除されれば賠償が打ち切られるだけではなく、無償提供されていた「みなし仮設住宅」から退去を迫られ、減免されていた税金や公共料金も請求されるようになる。故郷の土地は汚染して帰ることができないのに、「住民」としての負担は元通りにかかってくる。この原発事故の避難者政策はしばしば「帰還政策」と批判されるが、実態は避難者に戻るよう求める政策ではない。原発避難を強制終了するだけで、「どこへなりとも消え去れ」という「棄民政策」なのだ。

双葉の民の存亡を懸けた「壇ノ浦」が迫っていた。

この日、いつも温厚な事務局長の井上が珍しく険しい顔だった。井上は双中協との対話会に応じるよう、双葉町役場と折衝を重ねていたが、反応は芳しくないようだ。それなのに、「広報ふたば」の二〇二一年九月号には、「町民の皆さまの声を町政に生かすため、町に対するご意見・ご要望を受け付けております」と意見の募集が掲載されていた。それだけではない。福島県内のいわき市や南相馬市、福島市などのほか、双葉町からの避難者が多い埼玉県加須市や茨城県つくば市など一一カ所で町政懇談会を開催する予定なのだという。双中協との対話会には逃げ腰なのに、町民に意見を求めるというのは矛盾に思えた。

一〇月号では、年明けから準備宿泊を開始すると書かれていた。準備宿泊とは、解除された後に戻って住む準備をするため、避難指示区域内の自宅に宿泊するのを「特別に」認めるもので、他の市町村でも解除に先立ち行われてきた。いわば解除に向けた最終段階に入ることを意味していた。

一方の双中協は迫りくる避難指示解除に立ち向かう準備が整っていなかった。

井戸川はいつものように家臣たちに奮起を促した。

「この避難解除について皆さんがどう捉えるか、どう判断してどう行動していくか。これは声に出して言う必要があると思うんですね。『分かっていたけど言わなかった』は論外。自分の意見を言わなかったのは同意したことになるんですよ。後になって『俺は反対だった』なんて言っても通じません。皆さん……じゃなくて皆さん以外の人を見ていると、まず誰かが説明するとまともに聞いてしまうんですね。すると国は『説明したからいいんだ』となってしまいます。説明と合意形成は別ですからね」

「皆さん」と言いかけて、「皆さん以外」と言い直したあたりを見ると、これでも家臣たちに遠慮しているつもりなのだろう。それなのにまたしても宗像泰昭がとぼけた発言をして、井戸川を怒らせてしまった。

「解除になって権利がなくなるというのは、住宅補助金とかお医者さんも？」

「医療費、交通費、家賃。あれは便宜上やっているだけだから、支払う義務が発生してくる」

「解除になると、そういうのも全部取っ払われてしまうっぺか？」

「避難状態じゃなくなるわけだからね。すぐにはなくならないけど、いずれはなくなって、今度は『家賃を返せ』って言ってくるよ」

「んっ？」

「だから、家賃を返しなさい、自分で払いなさいってなるんです！」

「広報ふたば」で告知された意見募集の締め切りは過ぎていた。家臣たちの中で意見書を送ったのは新野亥一だけだろう。しかし残念ながら新野が出した意見書の内容を想像すると、町役場から答えは返ってこない。

「処分区域」に怒る理由

事故が起きる前、新野は双葉町で自動車整備工場を営んでいた。他の家臣と違い、加須ではなく千葉県内で長く避難生活を送り、その後福島県郡山市に自宅を新築して移り住んでいる。工場を継ぐはずだった息子は千葉に残り、現在は妻と二人暮らしだ。

新野は毎月車で二時間かけて加須にやってくる。愛用の一眼レフカメラや、原発事故に関する新聞や雑誌のコピーに国や町の広報資料、自ら撮った写真を収めたファイルなどの大荷物を抱えて砦に現れる。

新野はいつも忙(せわ)しない。井戸川が話している間も絶えず資料をめくっている。

時々思い立ったように、ファイルの中から記事のコピーや写真を引っ張り出し、「これ見たことある?」と、右隣に座る私に示す。私はその都度、「見たことがあります」、あるいは「見たことがありません」と小声で答えるのだが、話はそれ以上続かない。なぜその資料を示したのか、新野が理由を説明することはない。双中協にしばらく通ううちに、新野は説明をしないのではなく、できないのかもしれないと思うようになった。

そんな新野がしばしば同じ新聞記事を机の上に広げて眺めていた。それは二〇二〇年九月二七日付の福島民友新聞に掲載された一本の「囲み記事」だった。

見出しは「『復興拠点』は『処分区域』?」「首相発言、訂正なし」。菅義偉首相が福島県を訪れた際、放射線量が高い帰還困難区域のうち、除染して避難指示を解除する「特定復興再生拠点区域(復興拠点)」を誤って「特定復興再生処分区域」と発言したことを報じていた。

記事によると、報道陣の質問を受けて、菅首相は手元の紙を見ながら「まず特定復興再生処分区域の整備を着実に進め、そこに住民の皆さんに住んでいただいて、さらにその外に向けても時間をかけてやり遂げたい」と答えた、という。その場にいた報道陣や側近たちは「処分区域」の真意を確かめずにスルーした。意図的なのか、単なる言い間違いなのかはっきりせず、発言は訂正されなかった。

囲み記事とは周囲を枠で囲んだ記事のことで、ストレートニュースではなく、クスっと笑わせるような短い読み物に使われることが多い。「復興拠点」を「処分区域」と言ったことが「けしからん」のは間違いないが、囲み記事にしたのを見ると、福島民友新聞は大上段に菅首相を批判するつもりはなく、「言い間違い」として揶揄する意図なのだろう。

新野の自宅と工場はこの復興拠点内にあった。

「処分区域にされてんだ。五五五。これ見てない？　去年の。（菅首相が）福島に来た時、これだから戻らない。戻ったって、あとから処分だから。みんな帰らない。俺一番思っているのは、菅総理、我々の復興拠点だって言っているけれども処分区域。訂正とか求めているけど、それがないいんだから。町にもそういう話はしている。そんなところに帰れるのかって。訂正もないところに、処分区域に」

新野の話はいつも順序だっていないため分かりにくい。「五五五」とは双葉町の復興拠点の面積（五五五ヘクタール）だ。世間向けには「復興拠点」と称しながら、政府内では「処分区域」として扱っているのではないか、と新野が疑っているのか、あるいは失礼な言い間違いをしながら訂正すらしない傲慢な最高権力者に対する怒りなのか、それとも首相を恐れて訂正を求めない弱腰な役場やマスメディアへの失望なのか。新野がこの記事にこだわる理由が見えなかった。

ある時、新野と二人になったのを見計らい、尋ねてみた。

――新野さんがあの新聞記事にこだわる理由はなんですか？

「あれは訂正なしだから、かなり威力あると思うんだ。訂正って間違えましたって言って訂正して」

――そうすると、菅首相が「処分区域」と言ったことではなく、訂正しないことに怒っているんですか？

「民友のこの記事、できはいいんだけど、双葉町の広報課に、あるから見ろって言って。みんなあやふやなことばっかり言っているからだめなんだ。ここは復興拠点なんだって、再生拠点になってから、処分区域ってねえ」

――菅首相が「処分区域」って言ったのは、単なる言い間違いだと思っていますか？

「いやあ、それは分からない。だってメモ読んでいるんだから。メモに書かれているんだべ」

――新野さんがこだわっているのは、本当は処分区域と呼ばれているんじゃないのか、ということですか？

「今言ったように、処分区域内に人を帰そうとやっているわけだ。処分区域だと誰も来ない。そもそもこの字（復興再生拠点区域）が本当だから、本当はこれじゃないといかんわけだ。処分区域にしたって時点で、我々の五五五平米は、ここが処分区域だって怒りだな」

新野が何に怒っているのか分からないままだった。それでも、避難指示解除とは避難者の

「処分」なのでは、ともし新野が疑っているのだとしたら、あながち的外れとも思えなかった。

避難指示解除の年明け

二〇二二年一月七日、年が明けて最初の役員会があった。前日の夜半にかけて関東地方の全域で雪が降り積もり、各地で電車の運行に遅れが生じていたものの、なんとか定刻に間に合った。加須駅前に降り立つと、商店街の植樹帯はまだうっすらと雪化粧がされていた。砦に着くと、松木と宗像が浮き浮きした様子で何やらしゃべっていた。


「時間だから買い物に行こうと思ったら、真っ白になってて。南向きだから降り出したら分かるんだけど、分からなくて。お父さんが昼休みにご飯食べに戻ってくるんだけど、もうずっと降ってたよって」

「働いているのか、えらいなあ」

「お父さんは午前中の散歩が仕事なの」

「えっ？」

「だから散歩だって」

いつもは一番早く現れる新野の姿が見えない。井上が心配して電話をかけたが、つながらなかった。関東でさえ雪が積もったのだから、新野が住む郡山は大雪で動けないのだろう。新年ということもあってか、井戸川が井上と冗談めかして先々のことを話していた。

「目が悪くなってってね。涙を流しながら遺言状を書いたよ」

「眼科行った？」

「だから遺言状を書いたんだよ。だって失明したら何もできなくなっちゃうから」

「会社経営しているとそうなんだよな。何もしていないと遺言状なんかいらないんだ。土地の話だけ。正月に子供が来たから、『今のところ売るつもりはない』って言ったら、『親父が好きなようにしたらいいよ』って」

「井戸川の財産は俺のもんでねえ、井戸川家のもん。自分で作ったものは手をかけてもいいけど、井戸川の財産には手をかけないって心に決めてっから」

「名義変更はしたんじゃないの？」

「そりゃそうだよ。名義変更が複雑で複雑で、明治からの関係で家督相続からやらないといけないから大変だったんだよ。苦労するために跡取りになったようなもんだ」

年末に放送されたドキュメンタリー番組『福島県双葉町〜未来の設計図〜』が波紋を広げていた。これは福島の民放テレビ局が制作したもので、伊澤と井戸川という新旧町長の証言を中心に、双葉町の未来を考えるという内容だった。井戸川は町長在職中に掲げた「仮の町構想」の資料を示し、町民がまとまって暮らす重要性を訴えた。井戸川がどこか嬉々として見えたのは、「美味しんぼ騒動」以来長らく敬遠されていたテレビから久々にお声がかかったからかもしれない。

一方、井上は不満げだ。

「(伊澤町長が)『井戸川さんからも副町長の井上からも引継ぎを受けていなくて一週間で辞めたくなった』って、俺の名前を出したんだよ。ほんと頭にきた。俺が辞める時に問題点を全部説明したのにさ」

井上は自らの名前が表に出るのを嫌がる。自我を抑えてサラリーマンとして勤め上げ、幼馴染から請われて副町長に就いた後も黒子に徹した生き方の表れなのかもしれないが、理由はそれだけではないように思えた。最初は自身の子供への配慮かとも思ったが、三人の子供たちは双葉と縁遠い道を歩んでおり、そうではないようだった。一人我が道を突き進む井戸川と、後に続こうとしない家臣たちとの間で井上が苦しんでいるように思えた。

一月一三日にキャッスルきさいで双葉町役場との対話会が開かれることが決まった。町の幹部が双中協から直接話を聞くため加須にやってくるという。

中央省庁、地方自治体にかかわらず、役所が何の目的やメリットもなく住民との対話の場を設けることはない。だから、双葉町役場が双中協との対話会に応じないのも無理はないと考えていた。井戸川は現在進行中の被災者政策を完全に否定している。国の方針に従っている双葉町役場が井戸川から話を聞いたところで、何か取り入れられるとは思えない。双葉町役場にとって井戸川との接触はデメリットしかない。

町役場が対話会に応じたのは、一月二〇日から準備宿泊の実施が決まっており、双中協との対話会を行っても支障が出ないと判断したからだろう。

それでも井戸川がどのような姿勢で対話会に臨むのか気がかりだった。いつもの通り原理原則を訴えてほしいと願う反面、あまり厳しく町役場を追い詰めると、対話会の実現に向けて奔走した井上の顔を潰しかねない。

「町民との対話は普通のことなんですが、双葉町の現状を考えると画期的だと思っています。できるだけフリートーキングで皆さんの思いを語り合う場にしたい。皆さんには避難解除の条件が整っているかを聞いてもらいたいですね。それから解除された後、我々にどんな不都合が起きるのかも答えてもらいましょう。進行は私がやります。なるべく皆さんにしゃべってもらいたいので、『誰々さんはどう思いますか？』って振るかもしれませんから」

井戸川は自らの主張を抑え、井上の顔を立てるつもりのようだった。

双葉町役場との対話会

「会議に先立って、皆さんにお断りしておきます。今日は日野さんという方が参加しております。彼は毎日新聞社に在籍していますが、今日は取材でなく会員として同席を許可します」

二〇二二年一月一三日、キャッスルきさいで双中協と双葉町役場の対話会が開かれた。

井戸川は冒頭、私の扱いから切り出した。私はもともと、この対話会を新聞紙上で報道するつもりはなかった。だから「記者」ではなく「会員」としての出席で構わない。おそらく井戸川も私の意図を分かっている。新聞記者の出席を理由に双葉町の幹部がゴネたりしないよう釘（くぎ）を刺したのだ。

「対話会」の趣旨を踏まえ、会場の事務机は環状に置かれていた。双中協の出席者は井戸川と私を含めて一二人。普段より三人多い。一方、双葉町役場から来たのは中野弘紀・住民生活課長ともう一人だけだった。てっきり伊澤史朗町長ら町の幹部が勢ぞろいするのかと思っていたので少し拍子抜けした。

開始予定時刻の午後一時半になると、井上が口を開いた。

「それでは時間になりましたので、町との対話会を開催します。昨年暮れの町政懇談会で復興拠点の状況や今月二〇日から予定されている準備宿泊に関する説明は受けていますので、今日はお互いに日頃考えていることを出し合う意見交換をしたいと思います」

続いて井戸川が挨拶に立った。

「今日は初めてこうして対話会ができますけど、本来はこうやって垣根を取っ払って話し合うのが民主主義の根幹なんですね。これを怠っている原発事故の処理の仕方は悪質なんですよ。皆さんは債権者として（自らを）意識すべきなんですね。誰々が言うからとか、誰々から言われたとかではなく、自分を見失ってはいけないのが民主主義の根幹なんですね。私のほうでは何も用意しませんので、皆さんにはぜひ自由に話してほしい」

井戸川はどうやら本気で配布資料なしのフリートークをさせるつもりらしい。家臣たちは明らかに不安げだった。一人ひとりが自分の頭で考え、他人と対話を重ねるのが民主主義の根幹——いつもの井戸川節だ。もちろんその理念には賛同するが、考えるのを諦めている人に考えるよう強いることは新たな矛盾になりかねない。

家臣たちはなかなか手を挙げない。しばらくして幾田がきょろきょろと周囲の出方をうかがった後、ようやく口を開いた。

「(双葉町役場には)もっと前に対話会を開いてほしかったと思っています。上限三〇万円で清掃の補助が出るということなんですが、自分の家はまだ解体していません。これはどこまでが前提の清掃なんですか?」

準備宿泊に参加しなくとも清掃の補助金を受けられるのか尋ねた。いつもの喧嘩腰ではなかった。井戸川の意を汲んだのだろう。

少しまわりくどい質問だったが、中野課長はその趣旨を正確に捉えていた。

「清掃時の補助というのは準備宿泊に向けてのご自宅の清掃費用と考えています。単に家が残っているから清掃して残しておきたいということではなくて、できるだけ準備宿泊していただくためという形で。きれいにして戻っていただくための準備をしていただくということです」

つまり準備宿泊に参加しない人には補助金を出さないということだ。井上がすかさず「(補助の)申し込みは来ているんですか?」と尋ねると、中野課長が「今のところはまだ……」と答えて、このやり取りは終わった。幾田が癇癪を起こさないよう井上は先回りしたのだろう。

次に手を挙げたのは新野だった。悪い予感がした。対話会が始まる前から中野課長をにらみつけていたからだ。

「宿泊準備の意向調査がありましたね？　あの時に一応いろいろ書いてくださいっていうのがあったんですよね？　空欄が、空白があったね？　そこのところに書いて、できれば回答してくださいって言ったんだけども。町では扱ってただよね？」

双葉町の呼びかけに応じて意見書を町に送ったのに、回答がないことに新野は怒っていた。やはり新野は菅前首相の「処分区域」発言の新聞記事について意見書を出していたのだ。中野課長は新野からの質問を予期していたかのように落ち着き払った様子で答えた。

「新野さんからいただいたペーパーは秘書広報課のほうでまとめていて。個別に回答していないですか？」

「来ていない」

「町政懇談会に合わせて出された意見はセットで返すお話だったんですが、行き違いなら申し訳ありません」

「言ったんだけども、まだ回答はないですね。五五五ヘクタールですか、復興拠点って。報道では処分区域って、前の菅首相はそう言ったんですね、処分区域って。間違ってても構わないんだけど、訂正もしないでそのまま生きているんだな。俺にしては、それ記事を持ってきたけれど、処分区域にされたまま。町のほうには言ってますよ、処分区域にされたままでいいのかと。そうしたらば『あなたが調査してください。町がやるんじゃなくてあなたが聞いてください』と。これちょっとひどいんだけども、町は町民がいて成り立っているのに、町民が責任を負わされるようなことをしているんだよ。けれども音沙汰なしね。今度の、忌憚のない意見、要望ということで、八月に出しているんだけれども、まだ届かないんですよ」

「申し訳ありません。八月の意向調査はアンケート調査で、質問うんぬんは本来書いていただくものではなかったんですが、新野さんは書いていただいたので、集約して回答するということで、秘書広報課から届いていないですか?」

堂々巡りの水掛け論を見かねて、井上が割って入った。

「菅総理が『(復興)拠点区域』って言うところを『処分区域』って、手偏を除いて言ってしまったって話でしょ? それが新聞記事で取り上げられたんだよね? その記事を新野さんは(町に)提供したんだけど、処分区域って言われたままでいいのかって質問しているんだよね?」

もし菅前首相の誤った発言、あるいはそれを取り上げた記事の訂正を求めろ、と新野が双葉町役場に要求しているのであればそれはお門違いな話だ。双葉町役場が取り合わないのも当然と言えた。だが、もし「復興拠点」とは名ばかりで、実態は「処分区域」、いわゆる「姥捨て山」として国や福島県、双葉町役場が考えているのではないか、と新野が疑問を投げかけているとすれば話は変わってくる。被災者政策の根幹に関わる問題だ。だが、そんな複雑な問題が新野の手に負えるはずがない。これは新野に限ったことではない。ほとんどの人は役所と闘った経験はおろか、役所を疑う習慣さえないのだから当たり前だった。

荒れた会場の空気を戻したのは、普段とぼけている宗像の鋭い一言だった。

「（年間）一ミリシーベルトから二〇ミリシーベルトになったっていうんだけれども、俺は二〇倍にパワーアップできねえ。下げてもらえるまでは帰りたくねえなあという気がする」

だが中野課長は動揺することなく答えた。

「ざっくばらんにお話しします。なかなか難しい話で、低ければ低いほどいいと思っています。二〇ミリシーベルトというのは安全かどうかという話ではなくて、単純な解除基準と聞いています。国はできるだけ一ミリシーベルトにしていきますという話をしています」

役所のいつもの「公式見解」だ。それなら一ミリシーベルトに下がるのを待って解除するのが本来のスジだろう。

宗像も怯むことなく言い返した。

「完全に安全と言われるまでは帰りたくねえな」

まったくの正論だった。事故による被曝を受け入れなければならない道理はない。それでも中野課長はこうした反論に慣れているのだろう。淀みなく切り返した。いや、話を一般論にすり替えた。

「安全かどうかは人それぞれだと思いますし、自分がどれだけ受け入れることができるかについては皆さんまちまちだと思うので、そこは人それぞれの判断です。一ミリシーベルトというのは、発電所を規制するためのもので、爆発が起きて町が汚染された区域で、一ミリシーベルトというわけにはいかないよねという話です。現状では一ミリシーベルトまで下がっていませんが、できるだけ一ミリシーベルトに下げていくというのが今後の課題です。そこは我々のほうで公表して、皆さんのほうで戻るか戻らないか判断していただく。すいません、拙い話で」

事故前の約束を破った罪を不問に付し、汚染が残ったままの現実を追認するだけで、何度聞いてもおかしな話だ。それだけではない。避難指示が解除されれば、彼らは正当なる「避難者」の地位を失い、役所から見捨てられる。

普通に考えれば、事故前の約束である年間一ミリシーベルト基準を守り、それを下回るまでは避難者の面倒を見るのが役所の責務のはずだ。「それぞれの判断を尊重する」という中野課長の言葉は温情があるように聞こえるが、実際は「あとは自己責任でやってください」と突き放したに過ぎない。最後に「すいません、拙い話で」と言い添えたのは、自らの発言に潜む冷酷な本質を分かってのことだろう。

宗像は奮闘したが、役場の担当者を論破するのは難しいし、折り合いをつけて何らかの成果を引き出せるとも思えない。私が内心そう見切りをつけた瞬間、井戸川が口を開いた。これ以上黙って聞いていられなかったのだろう。

「この件に関しては私、突っ込んでやります。（政府が避難指示解除基準を年間）二〇ミリシーベルトに決めたのは皆さんへの賠償を減らしたいから。言葉巧みに将来一ミリシーベルトを目指すなんて言っていますが、皆さんは騙されているんですよ。課長は今、行政の立場で『国がやれと言ったから』と苦し紛れに言いましたが、日本の行政組織は国がやれと言ったら従うようになっている。だから宗像さんが一ミリというのは正しいんです。終わります。なんかある？」

「反原発派」にも届かない

「井戸川さんが荒れている」。知人からそう聞いたのは二〇二二年三月半ばのことだった。毎月二、三回も顔を合わせているのに、井戸川の変化に気づかなかったとすれば恥ずかしい限りだが、私には井戸川が荒れているようには思えなかった。

直前の三月四日の双中協を振り返っても、特におかしいとは思わなかった。ロシアによるウクライナ侵攻が始まり、戦争と原発事故の共通性、民主主義の危機を熱く訴えていたのが印象的ではあったが、それはいつもの井戸川節であって変化とは言えない。

井戸川が荒れたというのは、茨城県内の反原発団体が二月下旬に開催したオンラインのシンポジウムでの小さなトラブルだった。

司会は朝日新聞社の社員で、原発事故を長く取材するジャーナリストの青木美希さん。パネリストは福島県いわき市からの自主避難者である鴨下祐也さんと、その長男で大学生の全生(まつき)さん、そして井戸川だった。

私は二〇一四年に鴨下一家が当時住んでいた都心の国家公務員住宅を訪れたことがあった。築五〇年近い古い団地で、災害救助法に基づく「みなし仮設住宅」として避難者に無償提供されていた。祐也さんと妻は当時から自主避難者の窮状(きゅうじょう)を積極的に発信していた。全生さんは避難先でいじめに遭い、ローマ教皇に救いを求める手紙を送り、二〇一九年三月に面会を果たした。

このシンポジウムのメンバーを見ただけで、井戸川が「荒れた」理由を察した。自らの救済を求める被災者と、自ら立ち上がって闘うよう被災者に迫る井戸川がかみ合うはずがない。井戸川にとって、加害者に救済を求めることは負け犬になるのに等しい。

井戸川はまず、国と東電そして福島県が事故前から津波対策の必要性を知りながらこれを隠蔽し、双葉町には伝えられていなかったこと、そして事故後も地元自治体の意向を無視して一方的に被災者政策が決められてきた理不尽を訴えた。いつもの井戸川節だった。

その後、原発再稼働が粛々と進む現状に話題が移った。青木さんは「双葉町自身も（原発）誘致をしは町民を埼玉に避難させたのか』を引き合いに、青木さんは「双葉町自身も（原発）誘致を進めてきたというのがあります。やっぱりお金、経済、そして商工会のほうが原発再稼働を求めるという動きなんですね。どうしてもこういう状況が改善されない。『札束で頬をたたく』というふうにおっしゃる方もいますけれども、お金でどんどん再稼働を進めていくという状況が続いていると思います」と、事故後も改まらない立地地域の依存体質を批判すると、井戸川の眼に怒りの炎が点った。

「青木さんに言っておきたい。双葉町が原発事故の原因者、加害者のように取られるのは迷惑だと思っているんです。私たちは決して事故を推奨してきたわけではない。大事なことを隠された結果、事故に至ったことに憤っているわけです。それでも原発を必要としている首長は、断ち切れない紐か糸に縛られて、交付金がないと生活ができないという妄想にとらわれているんだと思います。あんなちっぽけな金に縛られて事故で失ったことを考えてほしい。交付金はわずかだ。そんなのに頼ったって仕方ない」

井戸川が怒り出した理由を分からずに困惑する青木さんに代わって全生さんが井戸川に異を唱えた。

「井戸川さんの話で気になったことがありました。確かに交付金なんかに甘えるなというのはあると思うんですけど、でもしっかりとお金を出すよう、原発じゃない交付金を出せと要求することは大事だと思うんです。原発以外のことで人が入るような政策を打ったり、助成金を出したりということが必要だと僕は思うんです」

井戸川は依存や甘えを何よりも嫌う。相手が一九歳の少年だから、反原発の仲間だから、というような表面的な理由で手加減したりはしない。いや、むしろ若者だからこそ熱く伝えようとした。

「原発は全国何カ所ありますか？　原発のない市町村はみんな、破産していますか？　あなた、どのぐらい世の中を見てますか？　お金のために原発と思い込んだら人生狂いますよ。もらうという根性が私はあまり好きじゃないんですね。自分がちゃんとものを言えて、自分が行動できる、自分で自分のことを始末できるのは最高の幸せなんですね。補助金や交付金というのは全額ではない。あてにすると、財布以上のことをあてにしてしまう。他力本願になると人を恨むようになってしまう。あなたに言いたいのは、就職のために勉強するのではなく、自分の力をつけるために勉強してほしい」

かなわないと悟ったのだろう、全生さんは「今まで（原発を）推進してきたのに、それを悔い改めて、今まで同じようにやってきた自治体や人たちからはすごい攻撃されたと思うんですね。でも、そういったことを恐れず、流されずにしっかりと意見を発信しているのが本当にすごいなと思って」と、一転して井戸川にすり寄った。

しかし井戸川は突き放した。いや素直に答えただけで、突き放すつもりもなかっただろう。「攻撃は私の耳に届いていませんよ。自分のことは自分で伝えているだけで、誰かから聞いたことをしゃべるでもなく、自分で得た証拠に基づいて毎日しゃべっていますので、誰からも攻撃されることはありません」

確かに、井戸川が直接攻め立てられるのを見たことはない。「美味しんぼ騒動」で激しいバッシングが起きた際も、誰も井戸川に直接くってかかることはなかった。ひたすら原理原則を訴える井戸川に喧嘩をふっかければ、かえって原理原則を曲げて生きている自分の卑小ぶりをあぶり出される。逆に、井戸川を反原発の旗頭としたい社会運動家も、他人に同情や支持を求めようとしない井戸川とは折り合いがつかない。だから多くの人が煙たくとも攻撃せずに遠巻きにしている。

なおも井戸川は自らの考えを伝えようとした。その時、主催者の女性がいきなり割って入った。

「井戸川さん、未成年は学びの時間ですので、自己責任論などはもっとやさしく諭してください。同じ年代の子供を持つ親として見ていてはらはらします。これは意見としてお伝えしておきます」

井戸川が伝えようとしたのは、自己責任論などではない。一人で理不尽に立ち向かう闘いの価値だった。「未成年だから」という筋違いな論理で一方的に断罪された井戸川が不憫だった。「反原発」の思想信条を同じくするはずの人々にも、井戸川の言葉は届かなかった。その後、シンポジウムの動画はインターネット上で公開されなかった。

解除反対をどう表明するか

四月に入って年度が改まり、国と双葉町が六月にも避難指示解除に踏み切る方針であると福島の地元紙で報じられていた。

四月八日の役員会で、井戸川は改めて家臣たちに檄を飛ばした。

「我々が今やることは嘘を壊すということ。それがデタラメな避難解除ができなくなることにつながります。今までいろんな学習をしましたので、皆さんも十分基礎ができていると思いますので、これからは攻めに入ってください。嘘に対する攻めです」

井戸川は双中協で大量の資料を配り、この原発事故の被災者政策がいかに一方的で、欺瞞に満ちたものかを伝え続けてきた。しかし家臣たちには奮起の兆(きざ)しさえ見えない。

井戸川の檄に誰も答えず、しばらく沈黙が続いた。見かねた井上が口を開いた。

「避難指示解除に対して、双中協として何か対応をしなくていいのかと新野さんから提案がありました。前みたいに文書を出すとか」

井戸川の表情が曇った。双中協として避難指示解除に反対する意見書を国や双葉町に出すのは簡単だが、そうなると意見書の内容を考えるのは井戸川と井上であって、家臣たちは何もしない。井戸川にとっては無意味だ。

井上も井戸川の心中を察したらしく、新野にボールを投げ返した。

「新野さん何かありますか？　住民生活課長が来た時みたいに、言った言わないの水掛け論で結論が出ないままだと、また尻切れトンボに終わっちゃう気がするんだよね。どういう言い方をするのか考えないといかんよね」

過去の失敗に触れられ、新野は気まずそうに黙り込んだ。すると、珍しいことに井戸川から家臣たちに歩み寄った。

「解除について意見書を出したいと思います。皆さん、今の時点での避難解除には納得いきませんよね？」

全員が声も出さずに頷いた。再び沈黙が広がった後、松木が恐る恐る口を開いた。

「これだけの人が反対しているんだよと、ずらっと名前を出したらどうかな」

何一つ口に出さず井戸川に甘える家臣たちに対して抱いていた苛立ちが伝わってしまったかと思い、私は内心少し慌てた。それにしても、いつも控え目な松木には珍しい積極的な提案だった。おそらく井戸川に対する申し訳なさを感じているのだ。

井戸川はこう言って役員会を締めくくった。

「意見書、作文してみますよ。一六日の総会で皆さんに説明しますかね」

翌週一六日、双中協の年次総会があった。年度始めの総会は井戸川の砦ではなく、キャッスルきさいの会議室を借りて開催している。

キャッスルきさいは加須駅から南に三キロほどの場所にある。私は南口のロータリーでバスを待ったが、いっこうに来る気配がない。開始時刻まではまだ余裕がある。暖かい陽光に誘われ、歩くことに決めた。

左右に畑が広がる一本道を五分ほど進むと、後ろで軽くクラクションが鳴った。振り返ると、井戸川のプリウスがハザードランプを点けて停まっていた。どうやら乗せてくれるらしい。

短い車中、ずっと考え続けていたことを井戸川に告げた。

「双中協のことを本に書こうと思っています。もしかしたら井戸川さんの意に沿わない内容になるかもしれません」

井戸川が家臣たちにふがいなさを感じていることは分かっていた。その家臣たちも登場させることを伝えて予防線を張ったつもりだった。井戸川一人ではこの物語は成り立たない。井戸川の側を離れられない、でも後に続いて闘おうとはしない家臣たちの存在があって初めてこの物語は成り立つ。それが私の結論だった。

井戸川はしばらく考えた後、おもむろに口を開いた。

「いいんじゃないの。こういう会は他にないと思うよ。いいメモリアルになるんじゃないかな」

嬉々とした声色だったが、横目に見た表情は笑っていなかった。私はこの時、井戸川の承諾を得られてほっとしていただけで、「メモリアル」がどんな意味か気がついていなかった。

「不同意届」に込められた妥協

政治家は一筋縄ではいかない。自らの内なる矛盾を呑み込んで物事を進める術（すべ）を知っている。

総会で井戸川が家臣たちに示した「解決策」に感心させられた。

配られた資料の中に、井戸川が役員会で作文を約束した双中協の意見書は入っていなかった。代わりに入っていたのは、日付と記名者の欄が空白になっている、伊澤史朗町長宛の「不同意届」だった。

井戸川は演台の前に立ち、「不同意届」を高く掲げた。

「いいですか、皆さん。これは解除の不同意届です。様式を作りました。それぞれ名前を書いて、なるべく五月中に出してください。『決して双葉町は加害者ではありません。情報を閉ざされ、不当に被曝を強制されたことを忘れるわけにはいきません。さらに最も被害がひどい双葉町に中間貯蔵施設を押し付けたことは住民の帰還意思を奪いました。今般の避難指示解除には不同意を表明いたします』と書きました」

双中協のクレジットで一枚の意見書を双葉町役場に出すのではなく、家臣たちそれぞれが自分の名前を書き込み、不同意届を役場に送るよう求めた。これなら一人ひとりが主体的に考えて動くべきだ、という井戸川の内なる規範とも折り合いがつく。井戸川は家臣たちへの不満に蓋をして彼らの要望に応えたのだ。しかし、これでは形はともあれ内実は何一つ変わらない。家臣たちが今後も立ち上がらなければ、井戸川に妥協の苦味を残すだけだ。

地元自治体も交えた正式な協議が開かれておらず、事故処理はいまだ始まってさえいない――というのがこの事故の被災者政策に対する井戸川の主張の柱だ。避難指示解除への反対は、結果的に現在進行中の被災者政策を追認することになるため、井戸川自身は声高に解除反対を主張しにくい。

解除に反対するなら自分の頭で考え、自分の口で主張しなさい――井戸川はずっと家臣たちにそう説いてきたのだ。

車座で話し合う役員会とは違い、総会は演台にいる井戸川が家臣たちと正面から向き合う形だった。私の右斜め前に座っていた新野が立ち上がり、井戸川の提案に異を唱えた。

「これから会長が音頭を取ってやってもらわないと間に合わなくなりますね。ここは会長、前町長としてやってもらわないと、町民全員が困ります。よろしくお願いします。会長と一緒にやりたいと思います」

井戸川は今にも泣き出しそうな悲しい表情だった。自らの内なる矛盾を呑み込んで言葉にしないのだから仕方ないが、自分の思いが家臣たちに届かないのが切ないのだ。

たとえ新野の発言が的外れだったとしても、井戸川は新野のことを否定しない。井戸川の教えを聞き、新聞や雑誌で情報を集め、役場に物申す真面目な新野を大事にしていた。だが、新野は井戸川のように闘いたいのではなく、ただ井戸川の側を離れたくないだけなのだ。

井戸川は複雑な気持ちを抑えて答えた。

「ご意見としてうかがいます。まだお願いはされていませんからね。私から皆さんに提案したんですから。一人ひとり、自分の権利を大切にしてくださいね。ただ眺めているだけだと、どんどん悪い方向に持っていかれてしまいますよ。これに合意する方は名前を書いて役場に送ってくださいね。書面というのは証拠ですから、言った言わないだと、『聞いてない』で終わっちゃいますからね。様式はたくさん持ってきたから、皆さん周りの人にも出すよう勧めてくださいね」

総会が終わり、演台で一人パソコンを片付けていた井戸川に声をかけた。

——不同意届、いいアイデアですね。前にもやったことがあるんですか？

「ないない、俺は喧嘩が好きだからだよ。でもどうだろうね。みんなおばけを怖がっているだけなんだよ。おばけなんていないのにさ。みんな新聞や有名人の言うことは聞くのに井戸川の言うことは聞かないんだよな」

井戸川が言う「おばけ」の正体は何だろう。

この国の為政者は原発事故を「なかったこと」にするため、ただ消え去るよう被災者に迫っている。自分の生きた意義を奪い返すには、腹をくって捨て身で闘うしかない。しかし、そんな闘いに踏み出せる人間が数少ないのも確かだ。井戸川が見抜いている通り、家臣たちは初めから自分たちが闘えないものと決めつけている。しかし、それは権力を恐れてのことなのだろうか。それなら彼らはとっくに井戸川の側を離れているはずだ。

井戸川の側を離れることは、双葉の民であることをやめ、泣き寝入りするのと同じだ。生きてきた意義を捨てた後ろめたさから逃れられない。彼らは煉獄につながれている。

家臣たちが恐れる「おばけ」の正体は権力ではなく井戸川なのかもしれない。

第六章　双葉の長の矛盾

内なる二つの規範

あの事故が起きて、双葉から加須に避難してきた直後、井戸川克隆は自らの理想とする民主主義を町政で実践しようと試みた。

二〇一一年夏、双葉町民が帰還できるまでの間まとまって住む「仮の町構想」を話し合う「七〇〇〇人の復興会議」を発足させた。「仮の町」を日本のどこに置くのか、どんな施設を造るのか――双葉町の未来を主体的に考えるよう全町民に求めた。

だがこの試みは失敗に終わった。どんな小さな集合体であっても、政治方針を決める作業は、関係者に膨大なエネルギーを要求する。「お任せ民主主義」という言葉が示す通り、自らエネルギーを費やしてまで誰もが政治に関わりたいわけではない。むしろ関わりたくない人のほうが多い。

そもそも「仮の町構想」は避難を長引かせるもので、この事故の幕引きを急ぐ国の為政者にとっては邪魔でしかない。お上に物申すなど考えもつかない多くの町民にとっても面倒でしかなかっただろう。

そして井戸川は町長の座を追われ、「仮の町」は実現しなかった。苦い経験なのだろう。井戸川が「七〇〇〇人の復興会議」について口にすることは少ない。

双葉の民の「壇ノ浦」は目前に迫っていた。だから井戸川は自らの葛藤を封印し、避難指示解除に対する「不同意届」を作った。井戸川が家臣たちを大事に思っている証左と言えた。自分の頭で考え、自分の口で主張するよう一人ひとりに求める井戸川の内なる規範を考えた時、この壇ノ浦に臨んでもなお、家臣たちが立ち上がらなかったら、井戸川は家臣たちを見限るしかなくなる。だが、それは双葉の長として民を守り抜くという、もう一つの内なる規範を破ることになる。

避難指示解除に向けた町民説明会の日程が決まった。加須では二〇二二年六月一日に開かれる。福島県田村市都路(みやこじ)地区で最初の避難指示解除がされてからすでに八年が過ぎていた。双葉町が解除されれば、避難指示を受けた自治体の役場がすべて現地に戻る。

解除に先立ち、役所は必ず住民説明会を開催する。だが出席者がいかに反対を唱えようとも、役所は「拝聴」するだけで、政策に反映させることはない。一方的な説明で押し切るだけだ。住民の同意が得られた体裁を整え、適正な行政手続きを踏んだかのように装う以外に説明会の目的はない。その証拠に、解除の賛否を住民に尋ねるのを見たことがない。役所は「戻って住みたい人がいるから」という決まり文句で解除を正当化するが、裏返せばそれは圧倒的多数が反対している現実を示していた。

届かない井戸川の真意

ゴールデンウィーク明けの五月一三日、双中協の役員会が開かれた。井戸川が伊澤史朗町長に宛てて送った「進言書」を声に出して読み上げた。

「我が国の法の中には（年間）二〇ミリシーベルトという数字はどこにもなく、これで避難指示解除はできない」

「双葉町が目指す本年の避難解除には課題が山積している。解決するためには、町民自身が課題の抽出と問題を探し、一つひとつ解決されるべきと考えている」

「解除にあたって、私が心配しているのは、『帰らない』『帰れない』と答えている町民の私権をどのように保護するのか、帰る気持ちがありながら、放射能のことが気になり、帰れないという町民をどのように保護するのかが見えない」

「解除反対」とは明確に書いていない。正当な事故処理はまだ始まってさえいない、という自らの主張を踏まえて現行の被災者政策の欺瞞を示し、解除は町民を見捨てるものだ、とあくまでも客観的な立場から指摘していた。慎重に練り上げた文章だと素直に感心した。

あえて声に出して読み上げたのは、「次の説明会ではこう発言したらいい」と家臣たちに示唆したつもりなのだろう。「答えは言わない」を信条とする井戸川にとっては大きな譲歩だった。

それでも井戸川が期待するような答えは返ってこない。沈黙する家臣たちを前に井戸川はこらえきれない様子でさらに問いかけた。

「これを四月二〇日付で送ってあります。どうですか？」

また沈黙が広がった後、宗像が口を開いた。

「あの不同意の文は会長が書いたにしてはずいぶん乱暴だなと思って」

井戸川の目がつり上がり、いきなり声を荒げた。

「俺が書いたって言ったらだめだ！　俺が書けって言ったから書いたって言ったらだめだぞ！」

井戸川の剣幕に驚いた井上が割って入った。

「この文書（不同意届）を読むと、みんな『気持ちはこの通りです』って言うんだよね。ただ自分（の名前）で封筒の宛名に『伊澤史朗』って書いて出すのは、『周りからどう見られるかな』って心配しちゃうんだよね。（不同意には）賛成なんだけど、誰かが代わりにしてほしいと、まだまだ我々は思っているんだね」

井上は尻込みする家臣たちの気持ちを代弁した。出来合いの不同意届に自分の名前を書いて出すことにさえ躊躇があるというのだ。

井戸川も現実を知ったと見えて、すぐに矛を収めた。

「こういうことでご進言いたしましたが、あくまでも双中協で出したのではなく、個人の名前で出したので、双中協の名前は使っていませんから、一応出しておいたという報告です」

「彼らなりに闘っているのではないか」

そう家臣たちを擁護すれば、井戸川は首を横に振るに違いない。確かに新野や幾田、藤田らはこれまで「怒りの声を上げる原発被災者」として、過去に新聞やテレビで紹介されていた。しかし記事やニュースで取り上げられたような発言を彼らが双中協でしているのを私は聞いたことがない。井戸川に遠慮しているのではない。彼らが言ってもいないことを記者が捏造したわけでもないだろう。おそらくは取材の中で記者から言葉巧みに誘導されたか、あるいは記者が期待している発言を彼らは先回りしてしゃべったのだ。それは残念ながら肉声とは言えない。

無視される被害

二〇二二年五月二〇日、加須に先立ち福島県郡山市で避難指示解除に向けた説明会が行われ、郡山に住む新野はこちらに出席した。後に双葉町が公表した議事録によると、質疑応答が始まるとすぐ、新野が手を挙げて発言している。

「先ほど、拠点内について、強制的に再生拠点区域と、避難指示解除区域ですけども、まず前に問い合わせしてるけども、再生拠点があって、前の総理大臣さん、菅総理大臣がその時に言ってるんですけども、それについて町は何の答えも出していません。（中略）いろいろ町の方に言ってますけども、全部これ解決していません。そういう危険な場所にこれから、双葉町に戻そうということは、これはどう考えても言語道断だと思います。ちゃんと事故のね、現に解決もしないまま、双葉町に戻すのか、住民をね。これ危険ですよ。我々住民は蚊帳の外ですよ。いくら何言ったってだめ。（中略）

こういう危険があるのに、双葉町住民を帰すということはこれ危険です。それで私郡山にお世話になってますけども、郡山地区で今言ったように宣言解除しないまま双葉町に帰るということは心配してます。解除しないのを。解除しないのはこの本をなかったことにしている。この資料ね。先に言われてますよ。ここ、配布先が。なかったことにしないと双葉町に戻せない。この本を読むと、双葉町の一番端の地域の浪江の方……、これはご注意ください。だめですよ、こんなことで解除するなんて。あとは他の方質問してくださ い」

新野の〝質問〟に対して、伊澤町長は「聞き取りづらくて何をおっしゃっていたか理解できなかった」と前置きしたうえで、「復興拠点内は避難指示基準の年間二〇ミリシーベルトを下回っており、強制的に戻すつもりはなく、戻りたい人に戻ってほしい」と常套句を繰り返した。要はまともに取り合わなかった。そもそも相手の答えを待たずに、そんな使い古しの常套句にも、新野は言い返すことができなかった。しかし、「あとは他の方質問してください」と放り投げるようでは、追い詰められるはずがなかった。

新野が自らの怒りを肉声にできないのをよいことに、役所は新野の声を無視し続けてきた。ただ消え去るよう求めているかのように。

「年間二〇ミリシーベルトの基準に正当性はない」「事故は収束しておらず、放射能の放出が止まっていないのに避難指示解除はできない」。井戸川が双中協で教え続けてきた原理原則だ。しかし家臣たちはこの原理原則を自らの肉声に換えられていない。井戸川は「皆さんは原理原則を分かっていない」と嘆いているが、家臣たちは井戸川の伝えた原理原則が頭に入っていないのではなく、原理原則が正しいことを裏付ける事実や経緯を学ぼうとせず、自らの身に降りかかっている被害と紐づけできていないのだ。

井戸川は双中協で大量の資料を配り、それも教えてきたつもりだろう。しかし家臣たちが自ら物事を調べ、我が身に降りかかっている被害と紐づけできなければ肉声には換えられない。

双葉の民の「壇ノ浦」

二〇二二年六月一日、加須市の大利根文化・学習センター（アスタホール）で避難指示解除に向けた説明会が開かれた。

アスタホールはＪＲ宇都宮線栗橋駅（埼玉県久喜市）から北西に二キロほどの場所にある。駅に降り立つと、国の担当者らしきスーツ姿の一団に出くわした。一列に並んでタクシーを待つ彼らを横目に、私は会場に向かって歩き出した。住宅街を一〇分ほど歩くと、田植えを済ませたばかりの田んぼの間を真っすぐに貫く一本道に出た。梅雨入り前の鮮やかな青空の下、陽光に照らされた水面には厚い雲がくっきりと浮かんでいた。冷酷な切り捨てを宣告する日には似つかわしくない光景だった。

会場にたどり着くと、すでに幾田や藤田、松木の姿があった。井戸川はまだ現れていなかった。

いつもと同じように、経済産業省や復興庁、環境省など原発事故の被災者政策に関わる国の省庁と福島県、そして双葉町の担当幹部たちがステージ上に並び、避難者たちはホールの客席に座って向き合う構図だった。これは役所と避難者が対峙するという実態に即していると思うが、よく考えてみると、双葉町の職員たちがなぜ避難者側に座らないのか不思議だった。独立した地方自治が建前に過ぎず、自治体が国の出先に過ぎない実態がよく表れている。それなのにおそらく井戸川を除いて誰も違和感を持っていない。

過去の同じような説明会に比べて記者の数が多い。どうやら彼らは東京の本社からではなく、福島からやってきているようだ。彼らが福島県内外の一一カ所で開かれるすべての説明会を回るとは思えない。井戸川の住む加須が紛糾すると見込んでやって来たのだろう。

記者たちは被災者の声を取ろうとホール内を歩き回っていた。前方に陣取っていた幾田も若い男性記者から話し掛けられていた。「一生懸命話したいと思っても、記者さんたちも入れ替わり立ち代わりなんだよね」と、いつもの文句をぶつける幾田の声が聞こえた。

私の横のブロックに座っていた松木も若い男性記者から話し掛けられていた。いくつか質問に答えた後、記者から携帯電話の番号を聞かれて、少し困ったような表情で私のほうを見た。

「日野さん、教えても大丈夫?」

「いいんじゃないですか。大丈夫ですよ」

これで記者が松木に連絡してくるようなら、さらに取材をしたいということだろうから、松木にとって悪い話ではないはずだ。

記者はちらりと私を見て、「息子さんですか?」と松木に尋ねた。松木は「いや違うわよ。

あなたたちと同じ仕事。いや同じ仕事だったのよね」と答え、記者が差し出したノートに、自らの名前と携帯電話の番号を書き入れた。ここまで信頼してもらえて嬉しい反面、家臣たちに思いが届かない井戸川の苦悩を察すると少し胸が痛んだ。

開始予定時刻の午前一〇時になると、ステージの最前列に座る伊澤町長が挨拶に立った。

「皆さんおはようございます。長きにわたる避難生活大変お疲れ様です。放射線量は十分低減しており、日常生活に必要なインフラや生活関連サービスもおおむね整備復旧が進んでおります。町としては特定復興再生拠点区域の避難指示解除要件がおおむね達成されたものと考えております」

伊澤町長に続いて、国の原子力災害対策本部副本部長という「辻本」が立ち上がった。

「最初に震災・原発事故で双葉町住民の方々に多大なるご負担、ご迷惑をおかけしていることに改めておわび申し上げます。少しでも皆様のご不安、ご不明な点が解消できるよう努めてまいりたい」

多くの町民が抱く不安は、「戻って生活できるかどうか分からない」ことではなく、「現状での解除など望んでいない」ことにある。「辻本」は言葉遣いこそ丁寧だったが、正面から解除の可否を問われないよう論点をすり替えていた。

続いて配布資料の説明に入った。避難指示を解除する復興拠点の範囲を示す地図が入っていた。説明したのは、双中協との意見交換会に来た双葉町の中野弘紀課長だった。

開始から二〇分ほどして、ようやく井戸川が姿を現した。

説明が終わって質疑応答に入り、二番目に手を挙げたのは、二年半前の先行解除の説明会でも質問に立った「オオタニ」と名乗る男性だった。

「えーと、何回も質問しているんですが、（年間）二〇ミリシーベルトですね。解除されてそこに住む場合に子供は安全じゃないという説明もあるんですけど、変更するつもりはないわけですか？」

国の「黒田」が答弁に立った。

「結論から申しますと、子供も含めて妥当と考えております。国際的にも一〇〇ミリシーベルト以下は隠れてしまうほど健康リスクは小さいと考えております。国では当時、有識者検討会を開催しまして、一〇〇ミリシーベルトよりもかなり小さい。長期的な安心を確保するという観点から、長期目標として（年間）一ミリシーベルトを目指しております。いずれにしましても、不安に対するリスクコミュニケーションを図ると共に国としてもサポートして、安心を持っていただくように努めたいと思います」

ため息が出るほど見事な官僚答弁だ。住民の被曝基準（限度）は年間一ミリシーベルトなのに、事故が起きて守れなくなったから、政府の意に沿う有識者からお墨付きをもらって、「今回だけ特別ね」と年間二〇ミリシーベルト基準をでっち上げただけだ。本来は「約束を守れなくて申し訳ありません。これまでの原発行政は間違っていました」と罪を認めることから始めなければならないのに、責任回避のため詭弁を弄しているに過ぎない。しかし「オオタニ」は二の矢を放つことなく引き下がった。

続いて幾田が質問した。

「帰還は強制されないということですけれども、前にもいろんな市町村が解除になっていますよね。でも帰還している住民は一割程度ですよね。六〇年以上そこで生活していたので、何もなければ帰りたいんですよ。だから今も家は壊していないし。（我々が）なぜ帰れないと言うのか？　国の人、分かりますか？」

幾田の剣幕に気圧（けお）されたのか、国の「高砂」は少し的外れな答えを返した。

「もちろん、皆さんが避難されている原因は東京電力福島第一原発事故でございます。もちろん、東電のみならず国も責任があると思っています。なんで避難しているかと言われれば原因が……」

「高砂」の動揺を見逃さず、幾田が追い込みにかかった。若い頃はやんちゃをしていただけあって、このあたりの嗅覚は鋭い。

「事故前に来ていた文書では、放射性物質が放出されていないことを確認できてから解除になると書いてあるんですけど、今は止まっているんですか？」

「事故前に来ていた文書」とは、井戸川が双中協で何度も紹介した福島県の「防災のしおり」を指しているのだろう。「放射能の放出が止まっていないのになぜ解除するのか？」と迫った。

ここで官僚答弁の上手い「黒田」が「高砂」からマイクを引き取った。

「冷温停止状態というのは確認しております。さらには敷地周辺ですね。放射線の監視を常時行っております。放射性物質の飛散、モニタリングの中でですね、現状はないということで、放射性物質の飛散はないと判断しております」

これも見事な官僚答弁だ。質問に正面から「放出は止まっていません」とは答えず、二〇一一年一二月一六日の「収束宣言」の際に作り出した「冷温停止状態」に話をすり替えた。

残念なことに、幾田は「黒田」の手口を見破れなかった。本来なら「『冷温停止状態』かどうかなんて聞いていない。放射能の放出が止まっているかどうかを答えなさい。止まっていないのに避難指示を解除していいのか」と切り返すべきだったろう。しかし幾田の口から出てきたのは感情的な捨て台詞だった。

「国の方々も双葉に住んでみたらどうですか？　土地はいっぱいありますよ。それだけ安心って言うのなら。だって二〇ミリ、二〇倍でしょ。結局、国の負担が大きくなるからレベルを上げたり下げたりしているんでしょ」

突きつけた選択

説明会から二日後の六月三日、双中協の役員会が開かれた。双中協の今後について井戸川が何か言い出すのではないか――そんな予感がしていた。説明会での家臣たちの闘いぶりを見て、井戸川は落胆したに違いなかったからだ。

ところが砦に着いてみると、いつもの席に座る井戸川の表情は意外にも朗らかだった。

「あなた、この前（説明会）はどうやって行ったの？」

――栗橋駅から歩きましたよ。三〇分ぐらいでしたかね。水田の真ん中を歩いたんですが、見渡す限りの平野で、ほとんど山が見えませんね。

「双葉から連れてきた時、みんなに言われたんだ。『山がねえ』って。遠くには見えんだ。浅間山やら富士山やら」

――筑波山も見えますね。

「ああ、そうそう。筑波山と赤城山も。双葉よりはるかに風光明媚なんだよ。加須って渋滞もないし。抜け道がいっぱいあるから」

上機嫌に話す様子を見て、もしかして杞憂かもと思ったが、やはり井戸川は自らの内なる規範を決して裏切らない人間だった。しばらくすると目つきが鋭くなり、「もう録音しているの?」と私に尋ねてきた。「今から何か言うつもりだ」と直感した。

井戸川がこの日配った資料の中には、加須での説明会の様子を伝える六月二日付の福島民友新聞の記事(コピー)が入っていた。その見出しは「双葉町長/拠点解除『総じて反対意見聞かれず』」となっていた。説明会の終了後、記者の取材に対して、伊澤町長が「(解除に)総じて反対の意見は聞かれなかった」と述べたことが紹介されていた。記事の中には「安全と言うなら、政府の職員も双葉に一緒に住もうではないか」という幾田の発言も盛り込まれていた。「総じて反対の意見は聞かれなかった」という伊澤町長のコメントと整合するので幾田の発言を載せたのだろう。仮に幾田が「俺は解除に反対していた。この見出しはおかしい」と抗議したとしても、「あの発言では解除に反対しているか分からない」と突き返されるに違いない。

家臣たち全員が記事を読み終わるのを待って、井戸川がおもむろに口を開いた。

「記事の通りで、反対意見はなかったんだよ。みんなおとなしい説明会で、スムーズにことが進んで国も町も帰っていったんじゃないかな」

松木が「すいません、全部黙って聞いてました」と軽く頭を下げると、幾田が冗談交じりにフォローした。

「でも難しいよな。あそこでしゃべるっていうのは、よっぽど心臓に毛が生えているか、心臓がない人だ」

幾田の軽口を無視して井戸川が話を続けた。

「はい、双中協もだいぶ長くなって、いろいろやってまいりました。他所ではない議論を重ねてきたと思います。さて今般の避難解除。前もっていろいろ学習しました。不同意届まで用意して、皆さん自身の声を役場に届けるようにと。まあ、やった人もいたようですが。これは勘違いしたら困るんですが、これは皆さんがやるべきことを私のほうから提案しているだけであって、すべて自己責任なんですよ。まあ、国と町の思い通りになったと思いますね」

しばらく沈黙が続いた後、松木がぼそっとつぶやいた。

「井戸川さんが言っていることに対して、当てはまらないことが返ってくるから。何がなんだか分からなくて……。決まったことはこうですよ、みたいな説明だから……」

だが、説明会の直後、会場のロビーで松木は苦笑いを浮かべながら、「井戸川さんはまだ始まっていないというのに、国はもう終わりだって言うんだからかみ合うわけないわよね」とこぼしていた。本当は分かっているのだ。「何がなんだか分からなくて」というのは、井戸川の教えた通りに闘わない後ろめたさから逃れる方便だろう。

井戸川が声を荒げた。

「（国が）デタラメやっているのに、なんでそれに俺が介入しないといけないの？　俺はそんなシナリオを最初っから蹴っ飛ばしているんだから」

国が間違ったことをしているのに、自分のほうが付き合わなければならない理由はない――井戸川の言っていることは正しい。家臣たちもそれを分かっている。だからみんな黙ったままだ。

井戸川は何かを決心したように、再び語り出した。

「どうするかな……。ちょっと俺の寝言をしゃべってもいい？　この双中協が壁にぶち当たっていると俺は思っている。（避難者訴訟の）最高裁判決は一七日だっけ？　おそらく国の責任を認めないと思う。でも、どう考えても原発事故は国家賠償事案だ。みんなを巻き込みたくないから、俺は双中協の役員から外れたいと思っている。みんなも参加するって言うなら構わないけど、今後は『やる』っていう人だけの会にしないと、俺自身が股裂きになって困るんだ。寿命だって、三〇年も生きられないだろうし。皆さんどう考えますか？」

口調こそ穏やかだったが、井戸川は自分の後に続いて闘うかどうかの選択を迫っている。井上以外の全員が茫然としている。

その時、砦の外で雷鳴が鳴り響いた。まだ午後二時半だというのに窓の外は真っ暗だ。しばらくすると、無数の硬い粒が激しく屋根をたたく音が聞こえてきた。雹（ひょう）が降ってきたのだ。偶然に違いないが、井戸川の慟哭（どうこく）が天に届いたかのように思えた。

「こういう話をすると、抜ける人が出てくるのはやむを得ないのかなと思うのよ。躊躇（ちゅうちょ）してやっていると俺がつらくなっちゃって。『闘う』って言うなら、どう闘うかという提案はするんだけど、そこをはっきりしてほしいのよ」

家臣たちは口を開かない。雷と雹で轟々（ごうごう）とする砦の外とは対照的に、中は井戸川が話を中断するたびに沈黙が広がった。

沈黙を破ったのは井上だった。

「今、会員は四三人います。実際に会合なんかに来るのは一四、五人ぐらい。全員を会長の裁判の原告に入れるというのが難しいのははっきりしています。双中協はもともと、そういう考えではやってきてないからね」

「そりゃそうよ」

井戸川が望んでいるのは、自らが起こした裁判の原告を増やすことではない。自分にただ付き従うだけの家臣でもない。自らの頭で考え、自らの肉声で訴える闘士の出現だった。

また沈黙が広がった。幾田が耐えかねたように口を開いた。

「そういえば、会長の裁判って長いですよね？　いつまでかかってんだべ？　って言う人もいるんだよね」

「長くしたいのよ、俺は。とにかく出しきりたいんだ。勝つための裁判やっていないから。がっちり国をやっつけたいんだ」

井戸川が裁判に求めているものは、字面だけの勝訴判決でも多額の賠償金でもない。奪い取られた人生の意義は、泣き寝入りを強いる国策と闘い抜くことでしか奪い返せない。

家臣たちは井戸川の真意を分かっているのに、あえて気づかないふりをしている。井戸川のようには闘えないと思う一方で、泣き寝入りしてしまった後ろめたさを味わいたくないため井戸川の側から離れられない。井戸川の教えが正しいと分かっているからこそ、気づかないふりをしてやりすごすしか手がないのだ。

終わらせたくない

これまでは双葉の避難者という共通項があったため、井戸川には家臣たちと一緒にいられる理由があった。しかし避難指示が解除されれば、共通項はなくなり、闘う人と諦めた人に道は分かれる。少なくとも井戸川はそう考えている。

原発事故の幕引きを急ぐ国策が人々に迫る選択は、故郷に帰るか帰らないかではなく、人生の意義を奪い返すために闘うか、それとも泣き寝入りをして諦めるか、だった。

双中協は存続できるのだろうか――長く通い続けてきたため、私の中に情愛のようなものが生まれていた。父母と同年代である家臣たちの元気な顔を見ると安心するようになった。井上や藤田から野菜をもらい仲間と認めてもらえた気がした。コロナ禍をくぐり抜けて再開してからは特に毎月の役員会を心待ちにしていた。一方で、打てども響かぬ家臣たちに時間を取られることなく、井戸川には存分に闘ってほしいとも願っていた。

二〇二二年八月、井上と加須駅前で待ち合わせ、近くのファミリーレストランで話を聞いた。井戸川が双中協をどうするつもりなのか気になっていた。井戸川に直接ぶつけたところで、明確な答えが返ってくるとは思えない。井戸川と他の家臣たちの間に立つ井上に尋ねた。

――双中協をどうするのか、井戸川さんと話しましたか?

「話してない。(井戸川は)私には聞かないでしょ。私が『もうやめよう』って言うと思っているから」

――ということは、井戸川さんは双中協を続けたいということですよね？

「だと思うんだけどね。克隆が良くないのは相手が努力しているかどうかを見ちゃうところなんだよ。失望した後のことを考えないといけないのにね。克隆は一人でやっていけると思っているし、実際に裁判も一人でやっている。自分の書面もすべてホームページでオープンにしているでしょ。自分の闘っている姿を見て、みんなに何か感じてほしいと思っている。でも双中協は何も反応がない。だからイライラが募っているんだと思う」

――でも、双中協のメンバーは井戸川さんのように闘おうとは思っていませんよね？

「そうなんです。克隆はいつもブレない。何も変わらない。自分の伝えたいこと、伝えなければいけないことを伝えるんだと思っていて、相手に理解してもらおうとは思ってない。だから克隆の問題じゃなくて、周りの人の問題なんだよね。（井戸川から）受け入れてもらえないと思うと、その途端にみんな逃げていく。克隆はいつも裏切られてばかりなんですよ。克隆を本当に理解しているのは日野さんだけだと思う」

井戸川は双中協を終わらせたくないと思っている。そうでなければ、家臣たちに語り掛け続ける必要はない。「双葉の長」として自分から町民を見捨てることができない一方、耳を塞いで立ち上がろうとしない家臣たちを受け入れ続けることは、甘えと諦めを許さない、という自らの内なる規範を破ることでもある。

井戸川を追い続ける理由

まったく記事にもならず、時に失望もされながら、なぜ一〇年間も井戸川を追い続けているのか、なぜ双中協に通い続けているのか——その理由が私の中で明確になってきた。

原発行政の意思決定過程を解明し、政策の冷酷な目的を暴く調査報道を私はやってきた。

そんな報道をしているため、「脱原発のために偉いですね」とか「いつも弱者に寄り添ってますね」とか褒められることがある。しかし私には、脱原発とか、弱者を救いたいという意識はないため、いつも困惑して答えに窮してしまう。私が闘い続ける動機は、嘘と隠蔽、押し付けで民主主義を壊す国策に対する怒りであり、職業ジャーナリストとしての使命感だ。

福島第一原発事故は加害者が存在しない自然災害ではなく、国策が引き起こした巨大な人災だ。不作為の罪と責任を帳消しにするため幕引きを急ぐ国策にすり寄れば、たちまちにからめ取られて泣き寝入りするしかなくなる。井戸川のように妥協なく闘い続けなければ、自らの尊厳を守り、人生の意義を奪い返すことはできない。井戸川の言葉を借りれば、「自分の権利を主張しないと地獄に落ちる」ことになる。

過酷な原発事故の世界にあって、孤高を貫いているのは井戸川克隆の他には見当たらない。

私にとって井戸川はいつしか原発事故の被害像を共有する数少ない同志となり、その闘いの行方を最後まで見届けたいと考えるようになっていた。

一方で、私は持っていないものが井戸川にはあった。それは自らの側を離れない家臣たちを決して見捨てない「双葉の長」としての使命感だ。しかし、それは井戸川の闘いを後押しするものではなく、むしろ井戸川の残り少ない時間とエネルギーを奪うものだ。伝えても届かぬ虚しさは心さえ削りかねない。そんなジレンマを井戸川も分かっているはずだ。

井上によると、末っ子にもかかわらず家督を継ぐことを決めた時から井戸川は大きく変わったという。町長を辞めた今も「双葉の長」であり続ける井戸川にとって、自分から双中協を解散し、家臣たちを見捨てるのは許されないことなのだろう。

「克隆は町民が可愛いのだと思う。町民を守りたい一心なのだと思う」と井上は言った。あんなにこっぴどく裏切られ、町長の座から引きずり下ろされながらも町民を見捨てないのはなぜか私にはずっと理解できなかった。それでも今になってようやく理解できてきた。いや正確に言うと、論理的に理解するのは諦めたのだ。遠く中世から双葉の長だった井戸川家の当主にとって双葉の民を見捨てないのは当然であって、理屈では計れない使命なのだと分かってきた。井戸川はずっと、自らの内に二つの規範を抱え込み、矛盾をさらけ出さないようにして生きてきたのかもしれない。

突きつけられた現実

二〇二二年七月も、これまでと同じように毎月最初の金曜日に双中協の役員会が開かれた。双葉から加須へと場所を移しながら長く続いてきた縁を、井戸川も断ち難いに違いなかった。しかし井戸川の口から出てきたのは、内心とは裏腹な強がりだった。

「前回、私は胸の内を語りました。それは変わっていません。田中正造の晩年を見ますと、長い闘いで一人抜け、二人抜けてばらばらになり、命を懸けて守ろうとした村も水没させられてしまった。彼の闘い方は『みんな』を中心に動いていた。それが弱点だったと思います。だから私は孤独でやっていこうと思っています」

双葉から加須に付いてきた彼らを井戸川は見捨てたいわけではない。むしろ見捨てたくないから、「孤独でやっていく」と先回りした。家臣たちへの深い愛情の表れだと感じた。

しかし家臣たちから返ってきたのは、井戸川が期待しているような答えではなかった。井戸川の真意が彼らに伝わっていないのではない。彼らは気づかないふりをしていた。

「ここで勉強したものをぶつけて、東電の社員をたじたじにする場面もあったので、自分としては双中協をなくしてほしくないです。ただ、会長みたいに資料を持っていないので、年齢も年齢ですし、裁判となると躊躇するものがあるんですよね……」（幾田）

「この会議がないと、どこからも情報が入ってこないから。ここで勉強したから言えるし、ここは本当に自分としてはありがたいよね」（新野）

「私は途中から入ったんだけど、それまでは『国がこう言っているから、こうなるんだ』って考え方で、ここにいなければ向こう側だったから……。私が上に立つということはできないんだけど、続けてほしいです」（松木）

ところが、いつものように井戸川が「この事故で自分が何を失ったのかメモをしておくんだ」と説くと、宗像が突然激しく反発した。


「会長はいつもそう言うけど、俺は何がなくなったのか分からない」

「分かろうとしないんじゃないのかい」

「会長から見ると、あのやろう馬鹿だってなるけど、気がつかないんだ！」

「俺は宗像さんの本心は見えねえ。宗像さんの懐なんて分からないもの」

「だから、俺はあああーって言うしかないんだ。ナンボ損したかも分からないから！」

「ここさ通って何年になるのよ？」

「一〇年だべな。俺が悪いんだ、俺が悪いんだけども……」

「メモを取らないからだ」
「行政でやってた人とは違うわなあ……。俺は朝から晩までノミでかっちんこんかっちんこんとしてきただけだ！　頭に入んねえんだもんな！　どこにかみついていいんだか、相手が分からねえんだ！」

宗像はいつもとぼけているが、実は的確にポイントを突いている発言が多い。そんな宗像であっても井戸川が期待しているような闘士にはならない。

双中協は井戸川の内なる二つの規範を併存させる自己満足の場に過ぎない——残酷な現実が井戸川に突きつけられた。双中協のような場がなくとも、闘う人間はわずかな気づきさえあれば、自ら道を切り開いていく。井戸川自身がそうであるように。

何もできないうちに二〇二二年八月三〇日はやってきた。福島県双葉町の特定復興再生拠点区域は避難指示を解除された。ついに正当な「避難者」の地位が剝奪された。

語りかけを止めない井戸川

避難指示解除から三日後の九月二日、解除されてから初めての役員会が呰で開かれた。私がこの夏出版した二冊の著書（『調査報道記者——国策の闇を暴く仕事』『原発再稼働——葬られた過酷事故の教訓』）が新野の席に置いてあった。表紙のカバーが外され、無数の付箋が貼ってある。

新野は親しげに私の肩に手を置いた。

「これ買って読んだ。日野さんにアドバイス受けねえとだめだな。これからはいろいろ手伝ってもらわなきゃ」

井戸川の苦悩を思うと、突き放すしかなかった。井戸川が家臣たちに求めているのは、誰かに頼ることなく自ら立ち上がることなのだ。

「アドバイスできるようなことはありませんよ」


家臣たちの様子は今までと同じで、波一つない静かな水面のようだった。そこに井戸川がいきなり石を投げ入れ、波紋を広げた。

「三〇日に避難解除になりました。自己責任、自助の世界に追い込まれたんですね。避難解除はめでたい話ではないので、勘違いしないでください。双葉町から放り投げられたのは自分たちだと厳しく見つめ直してください。皆さんはこれまでに何をやったかというと、私には見えていません。皆さんは自分のことを放り投げた、諦めた。自分を守るために何もしない人だと判断せざるを得ません。先ほどＮＨＫの受信料の請求書が来たという話を聞きましたが、これからは普通の人ですから何でもかかりますよ。今借り上げ住宅に住んでいる人はまもなく福島県から打ち切りの話が来るはずです。悲しんでいる場合じゃなくて、苦しむことになります。住むあてもない、放射能も止まっていない、どうなるかも分からない、中間貯蔵施設はあるわで、双葉町民は全国一の悲劇の町民になります。口酸っぱく言ってきたんだけど、皆さんは聞くだけで帰っていく。毎回一年生でやってくる。皆さんは地獄の入り口に立ったわけです。賠償金もらっているから大丈夫だと言う人もいますけど、財産をカネに換えただけで、プラスのカネではないんです」

家臣たちは黙ってうつむいたままだ。それでも井戸川は語りかけ続けた。

「まず言いたいのは、（伊澤）史朗は解除に町民の合意を取っていないということ。あの説明会で『解除していいですか？』って聞かれてないでしょ。史朗は合意もなく解除をしてしまった。面白い裁判があるんだよ。首長への損害賠償請求。首長の行為に対して住民が訴えることができるんだよ」

井戸川の思惑に気がついた。今回の解除で双葉町が損害を受けたとする住民訴訟を起こすよう家臣たちに水を向けているのだ。主体的に取り組むきっかけを教えたつもりだろうが、耳を塞いでいる彼らが立ち上がるとは思えない。もし最終的に提訴までこぎつけたとしても、家臣たちは原告として名前を貸すだけで、今までと同じように何もしない。それでは井戸川が否定してきた避難者の集団訴訟と何も変わらない。

私は取材者としてここにいるはずなのに、当事者として口を挟みたい衝動に駆られていた。双中協の存続を願ってはいたが、一方で家臣たちにとらわれることなく井戸川自身の闘いを全うしてほしかった。取材者としての立場を越えるのを承知のうえで、井戸川に異を唱えた。

「住民訴訟は勝訴率も極めて低く、そんな甘いものではありません。そもそもこのケースは町長が避難指示を解除したという外形的な行為の立証さえも難しい。慎重に考えるべきです」

私も本心とは裏腹にあえて冷たく言った。「あなたの負担が増すだけだから止めたほうがいい。自分自身の裁判を全うしたほうがいい」とストレートに伝えてしまうと、強がりの井戸川は「俺はまだまだできる」と反発してしまう気がした。しかし遠回しな言葉では苛立つ井戸川に届かなかった。

「それじゃ、やられっぱなしじゃないか！　結論が難しいからやらないではなくて実証するんだよ！」

井戸川が自身を「やられっぱなし」と思っているはずがない。そもそも井戸川自身は正当な事故処理はまだ始まってさえいないという主張なのだから、解除に反対する住民訴訟を起こせるはずがなかった。やはり家臣たちに水を向けていたのだ。

井上が割って入ってくれた。

「避難指示解除って総理大臣がトップの原子力災害対策本部名で出しているよね。それを町民に周知するよう双葉町長に指示している。町長には直接権限がないんだな」

私の心中を察して井戸川を諌めてくれたのだ。そして井戸川も矛を収めた。

「俺が言いたかったのは、何らかの形でやらないといけないということ。みんなやられ損になっちゃう。『だめ』から先に言ってたら何もできない」

春先にプリウスの車中でこの双中協を本にしたいと伝えた時の井戸川の言葉を思い出した。

「いいんじゃないの。こういう会は他にないと思うよ。いいメモリアルになるんじゃないかな」

井戸川はあの時すでに双中協を終わらせる心づもりがあったのだ。正確に言うと、終わりにはしたくないが、自分の内なる規範と照らし合わせた時、終わらせるしかなくなると見越していたのだ。

井戸川の大切な矛盾

一一月の役員会は最初の金曜日である四日ではなく、翌週一二日の土曜日に行われた。前月の役員会で、井戸川は双中協の〝終了〟を口にしていた。

「何も積み上がっていかないし、この会の先が見えないんですよ。今まで提供した資料を皆さんがどう使っているのか疑問に感じるんです。いつもお通夜なんですよ。これを続けてきて何の効果があったのかを考えるとつらいんですね。皆さんの雑談に付き合う時間的余裕はないんです」

井戸川が本心から言っているのは間違いない。一方で、まだ家臣たちを見捨てたくないとも思っているのだろう。幾田や新野は時折、冗談めかして「会長は優しいから」と話していた。矛盾に直面した井戸川の煩悶（はんもん）に家臣たちは気づいている。彼らは気づかないふりをして井戸川に甘えている。

定刻前の雑談で、幾田がこんな愚痴をこぼした。
「裁判するってなったらやっぱりびびるよね。だって（裁判所は）東電寄り、国寄りだもんね。証拠って言ったたって俺たちは無に近いじゃないですか。だから東電も強気に出てくんのかな」

井戸川の目つきが険しくなった。井戸川が最も嫌がる「だめ」や「無理」から始まる言い訳だった。

開始予定の午後一時半になった。井上の声掛けを待つことなく、井戸川が口を開いた。
「さあ、時間になったから始めますかね。どういう風向きになるか分からない会を。今週、東電の賠償担当者の説明を脇で聞く機会がありました。すると賠償担当者が『我々にも限度があります』って言ったから、私はキレました。『何言っているんだ。お前たちが一方的に事故を起こしたんだぞ』と怒りました。皆さんの話を聞いていてムカムカ来るんです。今までここで何を聞いてきたんだと。今まで提供してきた資料をなぜ使わないのかと。『我々には何もない』なんて幾田君の口から言ってほしくなかった。何のためにここまでやってきたのか。反省してもらいたい！　理解されていないのは私の努力不足かもしれないけど、この会はやっても無意味だと感じています。一生懸命やっても、皆さんは毎回一年生でやってくる。この会を続けるのであれば、会場を貸しますから皆さんが主催者になってください。大変失望しています。ここは寄合、雑談する場ではない。それぞれが抱えている問題を共有して、解決を図っていく場です。以上です」

一気に話し終えると、井戸川は席を立ち、衝立代わりにしているホワイトボードの向こう側へ立ち去った。

主の姿が消えた砦を沈黙が支配した。最初に口を開いたのは幾田だった。井戸川の逆鱗に触れた責任を感じていたのだろう。

「えー、自分から言いたいと思います。会長は裁判をしていますし、私らは直（接請求）で東電と賠償の話をしているんでしょうけれども……。もちろん会長からいただいた資料は東電に出していますけどそういうのは東電が無視するんですね。俺は今、高額家財（賠償）をやっているんですが、一個一個難癖つけてくるんだよね……」

幾田に乗じるように、他の家臣たちも賠償への不満を言い募った。

「営業損害について町に言ったんだけど、まだ回答ないんだよね」

「（賠償の請求を）出しても上に行くだけだもんなあ」

井戸川が自分たちを見捨てることはない――と家臣たちは高を括っている。ホワイトボードの向こうで井戸川は聞き耳を立てている。相も変わらず愚痴を言うばかりの家臣たちにがっかりしているに違いなかった。取材者としての一線を踏み越えるのは承知のうえで、答えを言わない井戸川に代わり、せめて気づかないふりを止め、闘わない後ろめたさと正面から向き合うよう伝えなければならないと思った。

――井戸川さんが言いたいのは、どう闘えば良いのか突き詰めて考えろ、ということだと思いますが、幾田さんはどう思いますか？

「えへへ。俺たちはさ、生活もかかっているから」

――生活がかかっていない人はいません。闘うか闘わないかだけじゃないんですか？

「……」

――裁判か直接請求かという枠組みを一度取っ払って、自分が納得するためには何をすべきかを考えてみてはどうでしょうか？

「なかなかねえ……、負けている裁判が多いじゃないですか。そうすると抵抗するにはやっぱり直でやるのがいいかなと」

――裁判の他にもやれることがあるんじゃないんですか？

「そもそも、こういう事態って想定していなかったんだよね。この年になってこの状況じゃないですか。弁護士さん頼んだこともないし」

――井戸川さんはそれをやってますよ。初めからできないって決めつけるんじゃなくて、やろうと思えばできることではないんですか？

「うーん、俺たちにはなかなかそこまでは……」

――新野さんは何のために新聞や雑誌の記事を集めているんですか？

「今言ったように、文書書くにしても何にしても、資料がないと書けないんだよね」

――じゃあ、町への質問状を書くためですか？

「うん」

――その質問状をどう生かそうと思っているんですか？

「……」

――役場に電話しても録音もしていない、質問状を出しても回答期限も書かない、質問状を公開もしていない。何のためにやっているんですか？　それでは町役場も回答しなければいけないとは思わないんじゃないですか？　本気でやっていますか？

「へへへ」

自分でもきつい言い方なのは分かっていた。彼らに肉声で言い返してほしかったのだ。だが、彼らは笑ってごまかすだけで何も答えなかった。

彼らをやり込めるのは本意ではない。立ち上がることはできなくとも、せめて闘わない後ろめたさから目をそらさないでほしかった。そうでなければ真剣に語りかけ続けてきた井戸川があまりに不憫だった。家臣たちから嫌われてここに来られなくなっても構わないと思った。

その時、井戸川が再びホワイトボードの向こうから現れた。

「皆さん、自分のことを知らなくていいんですか？　他人事じゃないんだよ。『東電にこんなこと言われて困っている』なんて聞かされたって何の解決にもならない。脇で聞いていると、本質的な議論をしないで、枝葉末節ばかり話していて不憫だなあ、可哀想だなあと私は感じているんですね。これは人類の性（さが）というか、人間の持って生まれた性質かもしれないけど、皆さんの口から出るのはダメの話ばかりなのよ。ダメは分かっているんだから、ダメでない話をしないと、あなた方将来泣くよ。必ず」

何も言い返さないまま家臣たちが砦を後にして、井戸川と井上が残った。


「宗像さんはひょっとしたらもう来ないかもしれないな。辞めるかもしれない」

「うん、何度か電話を寄越してきたよ。『八〇になったから辞めたい』って」

「そのほうがいいと思う。チームが（停滞して）おかしくなっちゃうから。若いやつをできるだけ追加していったほうがいいと思う。そうじゃないと思いの伝承ができなくなっちゃう」

「また足を引っ張っちゃうかもしれないけど、間違った方向に行っていたらちゃんと言ってよ」

「次も『できない』って議論を始めたらそこで止めちゃって。主体的に議論をさせて」


井上も砦を後にして、井戸川と私の二人きりになった。

私が双中協で初めて吐き出したマグマが、ホワイトボードの向こうにいた井戸川に届いた手応えはあった。でも、冷静になって考えた時、井戸川が家臣たちに抱いている感情の半分しか伝えられていないことに気がついた。もしかしたら井戸川は「中途半端なことをしやがって」と、私に腹を立てているかもしれない。

――今日は出すぎたことをしました。言いすぎました。

「いや、いいよ。今日はうーんと活躍してもらって助かりました。『俺は関係ない』とか言うよりずっといい。まあ、今日は俺がストライキを起こしてちょうど良かったんだ」

――一つ教えてください。以前『俺は巻き込むのは好きじゃない』と言って、田中正造の生き方に否定的なことを言っていましたよね。井戸川さんは、みんな闘えるわけじゃないし、闘おうとしないのも分かっている。それでもなぜみんなに闘いを迫るんですか？

「幾田君なんか変わってきたと思うよ。ああいう説明会みたいな場でよく発言したと思う」

――闘えないと思いつつ、闘うよう求めるのは矛盾していませんか？

「矛盾していてもいいいんじゃないかな」

エピローグ

福島県双葉町の避難指示が解除されて一年が過ぎた。「双葉町中間貯蔵施設合同対策協議会（双中協）」は存続していた。これまでのように井戸川がひたすら講義するのではなく、事務局長の井上を司会役に、メンバーそれぞれが発表する形に変わった。「自ら会に参加をして、自ら考え、自ら学んで、成長していく、そんな会にしたい」との思いからだ。

二〇二二年一二月の最初の「学習会」では幾田が高額家財の賠償について、また翌年一月は新野が自身も原告であるいわきの避難者訴訟について発表した。残念ながら発表内容は心許ないものだ。資料の多くは井上が補足したもので、幾田はあれだけ不満を言い募っている東電の賠償窓口とのやり取りをほとんど残していなかったし、新野は自身も原告なのに訴訟の請求額すら知らなかった。それでも井戸川が彼らに求める「事実の探求」の出発点は、自らの無知と向き合うこと以外にないのだから、彼らの被災者としての時間がようやく始まったと言えるのかもしれない。

会議スペースとオフィススペースを衝立代わりに隔てていたホワイトボードは横に除けられた。会議の間、井戸川は窓側の席でパソコンに向かって何やら作業を続けている。だが、メンバーの誰かが弱音や愚痴を口にすると、おもむろに立ち上がってこちらにやってきて、「それは違うと思うよ」「ちょっと気を付けたほうがいいな」などと短く口を挟み、すぐにまた窓側の席へ戻っていく。やはり家臣たちが気がかりで仕方ないのだ。まだまだ言い足りないのだとは思うが、彼らが自身で探求するよう促すため我慢しているに違いない。

提訴から八年が過ぎた井戸川の訴訟に一つの動きがあった。東京地裁による現地調査が二〇二三年一一月二九日に行われた。非公開の弁論準備手続きとして行われたため私は同行できなかったが、荒れ果てた双葉の自宅に裁判官を迎え入れるべく井戸川は張り切って準備していた。

現地調査が終わればいよいよ結審も見えてくる。一審判決が出る頃には井戸川は八〇になっているかもしれない。井戸川はここのところ、「腰が痺れてうまく歩けない」とこぼしていて杖を手放せない様子だ。どうか健康に判決の日を迎えてほしい、納得いくまで闘い抜いてほしいと願わずにはいられない。

二〇二三年一〇月一三日、埼玉県加須市の騎西文化・学習センター「キャッスルきさい」で福島県双葉町の町政懇談会が開かれた。伊澤史朗町長が冒頭に説明した双葉町の現況は、ほぼ予想されていたとは言え、「戻りたい人がいるから」と正当化されてきた「復興」が欺瞞に過ぎないことを示していた。

一〇月一日現在の町内居住者は九五人。このうち事故前からの町民は三三人で、残る六二人は新たな移住者だという。世帯数は七六世帯というので、単身の移住者が大半を占める計算になる。

二〇二二年年八月三〇日までに避難指示解除された範囲は「特定復興再生拠点区域」を含めて町域の一五％に過ぎない。中間貯蔵施設の用地内を含む残る八五％は帰還困難区域のままだ。それなのに「原発避難はもう終わりだ」とばかりに、果たすべき義務は町民一人ひとりの肩にのしかかってくる。この日、町役場が二〇二四年度以降の課税方針を明らかにした。これまで軽減されていた個人住民税は区域を問わず通常課税に、また免除されていた固定資産税も避難指示が解除された地域は二分の一課税になる。これで事故後一二年にわたって双葉町に住民登録を残してきた人々もいよいよ判断を迫られる。双葉から遠く離れた「終の棲家(ついのすみか)」で肩身の狭さに耐えながら、それでも双葉町民であり続けようとする人がどれだけいるだろうか。

双葉から加須に避難している町民は約四三〇人（二〇二三年五月現在）。しかしこの日の懇談会にやってきたのは四〇人ほどだった。空席が目立ち、広いホールは閑散としている。私はここ数年、加須市で開かれる双葉町の懇談会や説明会を欠かさず取材してきたが、出席する町民は減る一方だ。こうした会合が加須で開かれなくなる日もそう遠くないように思えた。

一時間ほどで役場職員の説明が終わり、質疑応答に移った。営農再開の見込みや自宅周りの除草、墓地のゴミ箱設置など、早期の帰還を考えていると思われる高齢の男女三人からの質問と、それに対する役場職員の回答が終わると、最前列に一人座っていた井戸川がおもむろに手を挙げ、発言を求めた。その表情はまだ穏やかに見えた。

「営農とか復興とか言っていますが、町は現実をちゃんと調べたんですか？　私は今、双葉町の空間線量と土壌濃度を測っています。東電の基準でＤ区域（※放射線管理区域の四区分のうち最も汚染が高い区分）にあたる場所、これはマスクをしても短時間しかいられない場所ですが、それが町内のあちこちにあります。この測定結果は裁判所にも提出しました。これでは避難解除できないですね。ここに『原発事故被害者のみなさんへ』というペーパーがあります。こう書いてあります。『私たちは、年間二〇ミリシーベルトの積算線量を超えなければ被害がないかのような一方的な線引きを許さず、子供たちをはじめすべての人の生命・健康と尊厳が遵守されるよう要求し、その要求実現のために活動します』と。これはいわきで裁判を起こした人たち全員の意見なんですね。原告たちは二〇ミリシーベルトがダメだと言っているんですよ。その中には町長もいますから。二〇ミリシーベルトで避難指示を解除するのは違法、犯罪ですよ」

井戸川の朗々たる訴えは一〇分以上も続いた。果てしない汚染から目を背けないよう求め、復興の虚構に惑わされないよう警告する、いつも通りの〝井戸川節〟に聞こえた。だが、これまでにはなかった内容が含まれていることに気づいた。「いわきの裁判」とは一体何だろう――しばらく虚空に頭を巡らせていると、不意に新野の顔が思い浮かんだ。新野も原告になっていた避難者集団訴訟のことだ。この訴訟への参加を双葉町民に呼びかけたのは当時町議だった伊澤氏だ。井戸川が言った「町長」とは自分自身ではなく伊澤氏のことだ。伊澤氏はその後、町長になり、年間二〇ミリシーベルト基準による避難指示解除を受け入れた。双葉の民を欺いた罪を懺悔するよう、井戸川が伊澤氏に促したように聞こえた。

井戸川の正面に座る伊澤町長が立ち上がった。井戸川からの問いかけとあって表情はどことなく硬い。あえて笑みを浮かべているようにも見えた。

「ただいま井戸川さんからお話にあった線量の話ですが、もし本当にそのような線量があるならば教えていただいて我々も再調査したいと思います。町としては結果を隠す考えは一切ありません。そういうことがあるならば、住民の方々が戻って住めるよう再度の除染もしたいと思います」

「いわきの裁判」について伊澤町長は触れなかった。聞き漏らしたのか、意図してスルーしたのかは分からない。それでも井戸川は「ぜひそうしてください。私たちが実測したものをお示しする前に、そちらでも測ったらどうでしょう？　それを突き合わせましょう」と言って発言をひとまず終えた。

町民の質疑応答はさらに続いた。中間貯蔵施設内の土地をすでに手放したと思われる中年女性が双葉町民の「資格」について尋ねた。「今は特例で土地がないのに双葉町の町民ということになっていますが、今後は個人住民税がかかるなら埼玉の住民になるという方もいると思うんです。その場合には町からの広報とか支援はなくなりますか？」

伊澤町長の答えは正確ではあっても、どこか物足りないものだった。はっきり言えば、無責任にしか聞こえなかった。

「双葉町から住民票を外すということは、できればやらないでいただきたいというのが本音ですが、これは皆さんの判断です。町としては『戻れ』と言うつもりはありません。もともとの町民の皆様が戻ってくれるのがベストですが、国の交付税措置は住民基本台帳の人口がベースになるので、住民が増えていかない状況では町の存続が厳しいことになるので、移住（者の受け入れ）に力を入れざるを得ません」

伊澤町長の答えを聞いて、井戸川の顔が怒気を帯びた。「俺はまだ町長を辞めた気がしていないんだ」――辞職から一〇年が過ぎても、井戸川は時折そんなことを漏らす。井戸川にとって双葉町長とは役場という行政機関のトップではなく、民を守る使命を負う双葉の長なのだ。

伊澤町長が話し終えると、井戸川が再び手を挙げた。

「今のやり取りを聞いて、前段で私が話したことが全然伝わっていないと分かりました。私たちにはまったく権限がなかった。それなのに事故の負担を負うなんてことはあり得ません。税金が元に戻るとか言っているけれど、なぜ『まだ無理です』と国に言えないんですか？ あなた方は町民の身体、生命、財産を守るのが仕事じゃないの？ 伊澤町長、中間貯蔵施設を受け入れるにあたってどれだけ地権者の合意を得たの？ 東電は避難指示解除された町民のことを『旧町民』と言っていますよ。『あなた方にはもう賠償の請求権はありませんよ』と言われているんです。伊澤町長、あなたは恐ろしいことをやったんですよ」

今度は伊澤町長の顔が次第にこわばっていくのが見えた。無責任を指摘されて腸が煮えくり返っているのだろう。それでも伊澤町長は避難指示解除や賠償には触れず、中間貯蔵施設の受け入れについてのみ強く反論するだろう、と私は見越していた。はたして伊澤町長の回答は予想通りのものだった。

「町として受け入れる判断をしたのは事実です。ただし主権者（地権者）の皆さんが納得をしない限り土地の取得はできません。双葉町の中間貯蔵施設用地五平方キロメートルの四分の三が民有地、残る四分の一が町有地です。井戸川さんのお話は違うと思います。民有地の九〇％以上は同意をいただいています。町民の多くが納得して土地を売却、あるいは地上権を設定している。双葉町が受け入れる理由はない、というのはその通りです。ただ、皆さんがお世話になっている福島県内各地にフレコンバッグが野積みになっている実態もあった。この福島の風評被害を軽減するために中間貯蔵施設を受け入れる必要があると私は判断しました。福島の復興がこれだけ進んだのは大熊・双葉の犠牲のうえだと言わせていただきます。正しいか正しくないかは町民の皆さんが判断することです。もし伊澤が受け入れたことがダメだと言うなら解職していただいても異論はありません。私が今この立場にあるのは、町民の皆さんから付託をいただいているからだと思っています。井戸川さんが自ら辞したというのは、逆に自ら責任を取ったものと解釈いたします」

これで引き下がる井戸川ではない。ゆったりとした口調で「売り言葉に買い言葉であったようですが……」と反論を始めると、司会役の男性職員が慌てて割って入り、「井戸川さんすいません、会場を借りている関係で、五時までに撤去して返さなければいけないんです。町政懇談会はこれで終わりにさせていただきます」と、叫ぶように会議を強制終了した。

伊澤町長が言った「納得」という言葉に強い違和感を覚えた。中間貯蔵施設として線引きされた内側は除染もされず、水道や電気などのインフラは復旧していない。行政は今後も復旧するつもりはないだろう。誰も汚染土に囲まれた中で暮らしたいとは思うまい。双葉町が受け入れてしまった以上、土地を持ち続けてもその先に希望は見えない。町民の多くが売った理由は納得したからではなく、諦めただけだ。

伊澤町長が中間貯蔵施設の受け入れについてだけ反論した理由は明白だ。避難指示解除や賠償については国や東電に責任を転嫁できるが、中間貯蔵施設はそれができない。受け入れた判断は正しいと主張し続けなければ、故郷を売り渡したという悪名が歴史に刻まれてしまう。だが、自らが正しいと主張するための根拠は、町民の諦めと犠牲の上に作られた虚構しかない。彼が守りたいものは自らの名誉であって双葉の民ではない。

一つ確かめなければいけないことがある。伊澤町長が最後まで言及しなかった「いわきの裁判」についてだ。会場に残っていた伊澤町長に声をかけた。

「伊澤町長も『いわきの裁判』の原告でしたよね？」

その瞬間、伊澤町長の目が泳いだのがはっきりと見えた。

「私がですか……あの……『いわきの裁判』というのがどの訴訟を指して言っているのか……」

——弁護団はO弁護士とH弁護士でしたよね？

「共同代表ですね……私も原告になっています」

——当時は町議だったと思いますが、町民に参加の呼びかけもしていますよね？

「呼びかけもしましたし、当時私は原告団の副代表でした。ただ、こういう役職（町長）になったので、その役職（副代表）は解かれました」

——町長になったので自分から原告団の役職を降りたのではないのですか？

「そうですね……弁護団に了解をいただいて……これはやっぱり（町長という）立場上、

原告団の副代表として表に出るのは良くないんじゃないかと……」

——なぜ町長になると原告団の副代表を降りないといけないのですか？

「あの……その考えに関しては……私の個人的な考えで行動したものですから……公の町長として……皆さんに……町長伊澤という名前が先に出てしまうと……皆さんを惑わしてしまうというのを……配慮させていただいたということで……」


「いわきの裁判」は伊澤氏にとって消したい過去の汚点なのだ。双葉の民を裏切り、体制側に付いたのを自覚しているからだ。

「だって仕方ないだろ、国に逆らっても仕方ない。俺だけじゃない、町民だって井戸川を裏切ったじゃないか」——そんな心の声が聞こえるようだった。伊澤氏は双葉町という行政機関のトップではあっても双葉の長ではない。井戸川は違う。たとえ民から裏切られても自分から民を見捨てたりはしない。井戸川は今も双葉の長であり続けている。

取材を終えて建物から出て、脇にある駐車場に行くと、井戸川が井上と共に私を待っていてくれた。心なしか井戸川の表情は晴れやかに見えた。

注

＊1　吸い込んだ放射性ヨウ素が甲状腺にたまるのを防ぐため服用する薬剤。甲状腺被曝を防ぐ効果が見込まれている。

＊2　日本の法令は住民の被曝限度（避難指示基準）を年間一ミリシーベルトと定めているが、政府は事故発生一カ月後、「緊急時」を理由に年間二〇ミリシーベルトとしたうえ、事故から約九カ月後の「収束宣言」によって避難指示の解除基準も年間二〇ミリシーベルトに決めた。

＊3　日本共産党の吉井英勝衆議院議員（当時）は二〇〇六年一二月、地震・津波による電源喪失の対策を質問。これに対して、安倍晋三内閣（当時）は「安全確保に万全を期してまいりたい」と答弁した。

＊4　二〇〇二年八月、東京電力が柏崎刈羽原発（新潟県）と福島第一、第二原発（いずれも福島県）で長期にわたり検査記録を改ざんするなどして炉内のひび割れなどのトラブルを隠していたことが内部告発で発覚した。

＊5　原発の使用済み核燃料からプルトニウムなどを取り出し、核燃料として再利用するもので、日本の原発政策の柱とされる。しかし要となる日本原燃の再処理工場（青森県六ヶ所村）は着工から三〇年が経つが、完成時期の延期が二六回繰り返され、いまだに完成していない。

＊6　岡山県と鳥取県の境にある人形峠鉱山では、一九五〇年代からウラン鉱石の探鉱事業が行われ、事業終了後も二〇年以上にわたり残土の放置が続いた。

＊7　東京第五検察審査会は二〇一五年七月、二度目の「起訴相当」を議決し、東電幹部三人は業務上過失致死傷罪で強制起訴された。

参考文献

飯田哲也・佐藤栄佐久・河野太郎『「原子力ムラ」を超えて——ポスト福島のエネルギー政策』NHKブックス　二〇一一年
淡路剛久監修・吉村良一・下山憲治・大坂恵里・除本理史編『原発事故被害回復の法と政策』日本評論社　二〇一八年
淡路剛久・吉村良一・除本理史編『福島原発事故賠償の研究』日本評論社　二〇一五年
朝日新聞特別報道部『プロメテウスの罠 1〜9』学研パブリッシング　二〇一二〜一五年
井戸川克隆・佐藤聡『なぜわたしは町民を埼玉に避難させたのか』駒草出版　二〇一五年
井戸川克隆他『脱原発で住みたいまちをつくる宣言 首長篇』影書房　二〇一三年
今井照・自治総研編『原発事故 自治体からの証言』ちくま新書　二〇二一年
遠藤典子『原子力損害賠償制度の研究』岩波書店　二〇一三年
大庭健『民を殺す国・日本——足尾鉱毒事件からフクシマへ』筑摩選書　二〇一五年
金井利之『原発と自治体——「核害」とどう向き合うか』岩波ブックレット　二〇一二年
雁屋哲『美味しんぼ「鼻血問題」に答える』遊幻舎　二〇一五年
雁屋哲作・花咲アキラ画『美味しんぼ111　福島の真実2』小学館　二〇一四年
河合弘之『原発訴訟が社会を変える』集英社新書　二〇一五年
佐藤嘉幸・田口卓臣『脱原発の哲学』人文書院　二〇一六年
下野新聞社編『予は下野の百姓なり——田中正造と足尾鉱毒事件　新聞でみる公害の原点』下野新聞社　二〇〇八年
城山三郎『辛酸——田中正造と足尾鉱毒事件』角川文庫　一九七九年
添田孝史『東電原発裁判——福島原発事故の責任を問う』岩波新書　二〇一七年
高木竜輔・佐藤彰彦・金井利之編著『原発事故被災自治体の再生と苦悩——富岡町10年の記録』第一法規　二〇二一年

高橋滋・大塚直編『震災・原発事故と環境法』民事法研究会　二〇一三年
高橋滋編著『福島原発事故と法政策――震災・原発事故からの復興に向けて』第一法規　二〇一六年
中川保雄『増補 放射線被曝の歴史――アメリカ原爆開発から福島原発事故まで』明石書店　二〇一一年
中島敦『李陵・山月記』新潮文庫　二〇〇三年
西城戸誠・原田峻『避難と支援――埼玉県における広域避難者支援のローカルガバナンス』新泉社　二〇一九年
日野行介『福島原発事故――県民健康管理調査の闇』岩波新書　二〇一三年
日野行介『福島原発事故――被災者支援政策の欺瞞』岩波新書　二〇一四年
日野行介『原発棄民――フクシマ5年後の真実』毎日新聞出版　二〇一六年
日野行介『除染と国家――21世紀最悪の公共事業』集英社新書　二〇一八年
日野行介『調査報道記者――国策の闇を暴く仕事』明石書店　二〇二二年
日野行介『原発再稼働――葬られた過酷事故の教訓』集英社新書　二〇二二年
日野行介・尾松亮『フクシマ6年後　消されゆく被害　歪められたチェルノブイリ・データ』人文書院　二〇一七年
舩橋淳『フタバから遠く離れて』岩波書店　二〇一二年
舩橋淳『フタバから遠く離れてⅡ』岩波書店　二〇一四年
古川元晴・船山泰範『福島原発、裁かれないでいいのか』朝日新書　二〇一五年
細野豪志『未来への責任』角川oneテーマ21　二〇一三年
森功『なぜ院長は「逃亡犯」にされたのか――見捨てられた原発直下「双葉病院」恐怖の7日間』講談社　二〇一二年
山下俊一監修『正しく怖がる放射能の話』長崎文献社　二〇一一年
由井正臣『田中正造』岩波新書　一九八四年
除本理史『原発賠償を問う――曖昧な責任、翻弄される避難者』岩波ブックレット　二〇一三年
吉岡斉『原子力の社会史――その日本的展開』朝日選書　一九九九年
吉原直樹『「原発さまの町」からの脱却――大熊町から考えるコミュニティの未来』岩波書店　二〇一三年

■著者
日野行介（ひの こうすけ）
ジャーナリスト・作家。1975年生まれ。元毎日新聞記者。社会部や特別報道部で東京電力福島第一原発事故の被災者政策や、原発再稼働をめぐる安全規制や避難計画の真相を調査報道で暴いた。著書に『福島原発事故 県民健康管理調査の闇』（岩波新書）、『調査報道記者――国策の闇を暴く仕事』（明石書店）、『原発再稼働――葬られた過酷事故の教訓』（集英社新書）、『情報公開が社会を変える――調査報道記者の公文書道』（ちくま新書）など。

双葉町 不屈の将 井戸川克隆
原発から沈黙の民を守る

2024年2月21日　初版第1刷発行

著　者　日野行介
発行者　下中順平
発行所　株式会社平凡社
〒101-0051 東京都千代田区神田神保町3-29
電話（03）3230-6573［営業］
ホームページ https://www.heibonsha.co.jp/
装　幀　松田行正＋杉本聖士
ＤＴＰ　有限会社ダイワコムズ
印　刷　株式会社東京印書館
製　本　大口製本印刷株式会社

ISBN978-4-582-82499-5

【お問い合わせ】
本書の内容に関するお問い合わせは
弊社お問い合わせフォームをご利用ください。
https://www.heibonsha.co.jp/contact/